Prefacio

El presente libro surgió del curso "Introducción a la Relatividad Especial", el cual ha sido impartido varias veces por un servidor (EWM) desde el año 2000 en la Universidad Autónoma Metropolitana, en la división de CBI del campus Iztapalapa.

Como muchos libros de texto sobre este tema son relativamente antiguos, fue necesario agregar algunos de los experimentos más recientes, con los cuales es posible verificar con mayor exactitud la teoría de Einstein en este curso moderno.

Hoy en día, la relatividad ha sido parcialmente aplicada en muchos proyectos de ingeniería, los más notables son los dispositivos GPS integrados en celulares telefónicos o en navegadores de automóviles y aviones. Además en el análisis de los choques de partículas elementales en Fermilab o CERN en Suiza, los físicos juegan "Billar Relativista" cada día. Por otro lado, la animación de objetos en movimiento relativista basado en la Óptica Relativista ha dado frutos en los programas de cómputo como "ray tracing" entre otros.

El enfoque de este libro es cubrir la necesidad de un texto elemental en los conceptos basados en la Invariancia de la Luz y del conjunto de espacio-tiempo. Esperamos que el libro resulte por ello adecuado para el estudio sin profesor. En los primeros capítulos la matemática usada es relativamente sencilla como el teorema de Pitágoras y el cálculo vectorial, lo cual se ha hecho para introducir las matemáticas superiores a fin de simplificar el formalismo. En capítulos posteriores se usa paulatinamente el formalismo cuadro-dimensional de tensores, el cual es muy elegante, pero no es indispensable para entender los principios básicos de la relatividad.

El entusiasmo de los alumnos fue clave para estas actualizaciones en forma accesible y divertida. Dos de ellos, la Fis. Silvia Cortés López

1

y el M. C. Daniel Martínez Carbajal ya son graduados en física y por tanto están bien calificados para ayudar en la elaboración del libro en Latex.

Agradecemos la ayuda económica del Sistema Nacional de Investigadores de México para el investigador y sus ayudantes.

La portada está basada en un dibujo a color de mi hija Miryam.

México, junio de 2015.

ECKEHARD W. MIELKE
Departamento de Física
Universidad Autónoma Metropolitana
Iztapalapa, México, DF.

Índice general

Capítulo 1

Introducción: El concepto del tiempo

Para el hombre primitivo, el tiempo era una sucesión mística de días y noches, advertía la existencia de fenómenos de carácter cíclico... la luna cambiaba su forma, etc.

El filósofo griego Platón expresó del tiempo: "El tiempo es la imagen de la Eternidad, el tiempo es tanto una idea abstracta, como una realidad de la vida". Marco Aurelio, emperador romano: "El tiempo es como un río que arrastra rápidamente todo lo que nace". San Agustín (354-439), obispo y filósofo:" ¿Qué es, pues, el tiempo? Si nadie me lo pregunta, lo sé; si quiero explicarlo a quien me lo pide, no lo sé".

Durante miles de años, el esfuerzo por medir el tiempo y crear un calendario factible fue una de las grandes preocupaciones de la humanidad, un enigma para los astrónomos, matemáticos, sacerdotes, reyes y para todo aquel que necesitaba contar los días que faltaban para la siguiente cosecha, calcular cuándo había que pagar los impuestos, o determinar el momento exacto de realizar un sacrificio para calmar a un Dios colérico.

1.1. El concepto del tiempo en las diferentes culturas

En Egipto, cuatro milenios antes de Cristo, se conocía el año solar de 365 días, con 12 meses de 30 días y 5 complementarios. El inicio del año estaba determinado por la primera aparición en el amanecer de la estrella más brillante Sirius, este acontecimiento coincidía ordinariamente con la crecida del río Nilo.

Los griegos, establecieron en el año 776 a.C. un calendario luni-solar que constaba también de 12 meses de 29 y 30 días alternativamente. El filósofo griego Heráclito, afirmaba que toda existencia constituye un flujo en movimiento: "No puedes bañarte dos veces en el mismo río, pues las aguas que fluyen sobre ti son siempre nuevas". El tiempo era para él como un río, donde todo se encuentra sometido a un proceso de cambio.

En Babilonia, 500 años a.C., el astrónomo Naburiano, calculó la duración de un año en trescientos sesenta y cinco días, seis horas y quince minutos. De Babilonia hemos heredado la semana de siete días, la hora de sesenta minutos, y el minuto de sesenta segundos, los babilónicos tenían formas ingeniosas para realizar esos cálculos, convirtiendo la sombra de las estacas en grados, minutos y segundos de ángulo, también utilizando Clepsidras o relojes de agua.

En la antigua Roma el año luni-solar constaba de 10 meses lunares, la mayoría de ellos dedicados a sus dioses: Enero, procede de Jano, el dios de doble cara que miraba el pasado y el porvenir. Febrero, nace del latín februa y se refiere a los festivales de la purificación presididos por los sacerdotes romanos, cuya finalidad era purificar el alma de las mujeres. Marzo, nombrado así en honor a Marte, dios de la guerra. Abril, deriva de aperire (abrir), ya que es la estación en la que las flores se abren. Mayo, debe su nombre a Maia, la diosa de la primavera. Junio, deriva de Juno, la diosa del matrimonio. Septiembre, era el séptimo mes del calendario antiguo, por lo que se tomó su nombre de septem, siete. Así también, Octubre y Noviembre eran el octavo y noveno mes del calendario, sus nombres provienen de octo y novem, cuyos significados son ocho y nueve. Diciembre, proviene del latín december, era el décimo mes y se lo representaba con un esclavo que llevaba una antorcha encendida, en alusión a las fiestas saturnales. Hacía el año 44 a. C. luego del asesinato de Julio César se agregó un mes más al calendario en su honor, el mes de Julio, se le llamó Julio al séptimo mes por ser el mes de su nacimiento y Septiembre fue recorrido. Luego, el primer emperador Octavio Augusto sucesor de Julio César no quiso ser menos e incluyó, como homenaje propio, el mes de Agosto que paso a ser el octavo mes, de manera que séptiembre pasó a ser el noveno, Octubre el décimo, Noviembre el undécimo y Diciembre el doceavo mes.

Las civilizaciones antiguas de Mesoamérica desarrollaron calendarios escritos precisos y de estos el calendario de los mayas es el más sofisticado. Fue el centro de su vida y su mayor logro cultural. Gracias a la precisión de su calendario los mayas eran capaces de organizar sus actividades cotidianas, y registrar simultáneamente el paso del tiempo, historizando los acontecimientos políticos y religiosos que consideraban cruciales. En el calendario maya coexisten tres cuentas de tiempo: el calendario sagrado (tzolkin o bucxok, de 260 días), el civil (haab, de 365 días) y la cuenta larga.

El calendario Tzolkin de 260 días era el más usado por los pueblos del mundo maya. Lo usaban para regir los tiempos de su quehacer agrícola, su ceremonial religioso y sus costumbres familiares. El calendario llamado Haab se basa en el recorrido anual de la Tierra alrededor del Sol en 365 días. Los mayas dividieron el año de 365 días en 18 "meses" llamados Winal de 20 días cada uno y 5 días sobrantes que se les denominaba Wayeb. Los mayas también llevaban una cuenta de los días transcurridos a partir de una fecha que ellos determinaron como el inicio de la era maya actual y que según los científicos corresponde al 12 de agosto de 3113 a.C.. A esta cuenta se le denomina la "cuenta larga".

Figura 1.1: Calendario azteca

El pueblo azteca daba gran importancia al tiempo, que era registrado en dos calendarios: el de 365 días, xihuitl, que determinaba sus ceremonias religiosas, estaba compuesto también por 18 meses de 20 dias, más cinco días; y el de 260 dias, llamado tonalpohualli, que tenía mas bien caracter adivinatorio, ha sido encontrado tallado en una gran piedra que se conserva en el Museo Nacional de México. Consiste en la unión de una serie de veinte signos, con otra serie de 13 números, la combinación de ambas series proporciona los 260 días.

La cultura Incaica (Perú y Bolivia), tuvo un gran desarrollo, los incas conocían la revolución sinódica de los planetas con admirable exactitud, las anotaciones en los quipus (cordeles con nudos) marcaban los días del calendario, que consistía en un año solar de 365 días.

1.2. La historia del reloj

La palabra reloj fue utilizada por primera vez en el siglo XIV y proviene del latín "clocca" que significa campana. Sin embargo, desde la prehistoria el hombre midió el tiempo. Erigió columnas de piedra de modo que cuando un astro coincidiera con su alineación, señalase un momento o fecha importante. Los antiguos obeliscos egipcios eran pilares cuya sombra se desplazaba a medida que transcurría el día y marcaba las horas entre el amanecer y la caída del sol. El hombre notó que la sombra variaba de acuerdo con la posición del sol, así nació el gnomon, que consistía en un bastón incrustado en el suelo perpendicularmente, y en tierra se señalaban surcos que indicaban los distintos momentos del día. La sombra del bastón era la que señalaba los diferentes horarios, pero tenían grandes imprecisiones. Uno de los más antiguos gnomones del que se tienen datos, se usó en Egipto en 1500 a.C.

Cuando se tomaron en cuenta el eje de rotación de la tierra y otros datos astronómicos calculados con precisión, se construyó el cuadrante solar que mejoró al precario gnomon, el cual estaba formado por una base en forma de disco sobre la que se marcaban líneas horarias que señalaban los distintos momentos del día y la sombra del bastón incrustado sobre el disco marcaba la hora. El cuadrante era colocado de cierta manera para que la sombra señalara en forma idéntica la misma hora en cualquier día del año. La medición del cuadrante solar hizo que se le considerara un instrumento de mayor precisión. De éste surgieron el cuadrante ecuatorial y luego el cuadrante universal, que acompañado de las señales de una brújula, fue un instrumento útil para los navegantes. Los cuadrantes solares aparecieron en Grecia hacia el siglo V a.C. Para las mediciones nocturnas del tiempo, aparecieron cuadrantes estelares y lunares, pero funcionaban solamente cuando había cielo despejado y sereno.

Posteriormente surgieron nuevos y mejores instrumentos para medir el tiempo, en la siguiente tabla se resumen algunos de los relojes más importantes.

Tipo de reloj	Año (aprox.)	Desarrollado en/por:	Funcionamiento:	Imagen:
Reloj de Sol	3500 a.C.	Egipto	Emplea la sombra arrojada por un gnomon sobre una superficie con una escala para indicar la posición de la sombra del Sol en el movimiento diurno. La ciencia encargada de elaborar teorías y reunir conocimiento sobre los relojes de sol se denomina gnomónica.	
Reloj de agua	1400 a.C.	Egipto	El nombre de este reloj es Clepsidra y está compuesto de dos contenedores de agua, uno más alto que el otro por los cuales el agua fluye del recipiente superior al inferior causando que el nivel del agua suba levantando un flotador conectado a un palo con muecas.	
Reloj de arena	1328		Al inicio, el bulbo inferior permanece estático cargado de arena, mientras que el superior permanece vacío. Cuando se voltea el reloj de tal forma que el bulbo que contiene arena quede arriba, se inicia la cuenta del tiempo requerido y la arena comienza a fluir hacia el bulbo inferior vacío por acción de la gravedad.	
Reloj de péndulo	1656	Cristian Huygens	En estos relojes, cuyo funcionamiento está regulado por un péndulo que oscila, la fuerza motriz es la acción de la gravedad que actúa sobre una masa suspendida de una cuerda enrollada alrededor de un cilindro, el cual transmite el movimiento al piñón que mueve la rueda que a su vez hace girar las manecillas del reloj.	

Tipo de reloj	Año (aprox.)	Desarrollado en/por:	Funcionamiento:	Imagen:
Reloj de cuarzo	1920	Warren Marrison y J.W. Horton	El cuarzo es un tipo de cristal que cuando es sometido a un voltaje oscila a una frecuencia constante. El cuarzo hace el papel de regulador y estabilizador de la frecuencia lo que servirá finalmente para dar una medida del tiempo. La vibración de la lámina producida por el circuito genera una señal eléctrica de la misma frecuencia o una fracción	
Reloj atómico	1949	Estados Unidos	Este es un tipo de reloj que usa resonancia atómica para medir el tiempo, alimentando su contador en base a ciclos o frecuencia de radiación. Los primeros dispositivos eran masers (del inglés "microwave amplification by stimulated emission of radiation"), un artefacto que produce ondas electromagnéticas a través de emisión estimulada. Los dispositivos que se usan actualmente están basados en principios físicos bastante más avanzados relacionados con átomos fríos y fuentes atómicas. La precisión del reloj atómico debe ser de por lo menos una billonésima de segundo, y se usa como sistema de referencia para medir el tiempo a través de la Hora Internacional Atómica. Las masers del reloj atómico, usan cámaras de gas ionizado, generalmente de cesio ya que este elemento es usado oficialmente en la definición de un segundo. Desde 1967, el Sistema Internacional de Unidades ha definido un segundo como 9,192,361,770 ciclos de radiación que corresponden a la transición entre 2 niveles de energía del isótopo de cesio-133. Esta definición hace que el reloj atómico sea el dispositivo estándar para la medición del tiempo.	

1.3. La definición del segundo en el SI (Sistema Internacional de Unidades).

Como la unidad base del SI para el intervalo de tiempo se tiene al segundo. En 1967, el segundo fue redefinido durante la Conferencia General de Pesos y Medidas como:

> *"la duración de 9,192,631,770 periodos de la radiación correspondiente a la transición entre los dos niveles hiperfinos del estado base del átomo de cesio 133 (^{133}Cs) (a una temperatura de 0 K)."*

El intervalo de tiempo y su recíproco, la frecuencia, pueden medirse con mayor resolución y menor incertidumbre que cualquier otra cantidad física. Las definiciones de otras unidades del SI como el metro, la candela, el ampere y el volt ahora dependen de la definición del segundo.

La definición precisa del segundo fue posible gracias al desarrollo de estándares de frecuencia basados en las transiciones de energía de los átomos. Desde que los estándares de frecuencia atómicos aparecieron por primera vez, a mediados de siglo, la ciencia de la medida ha progresado de una manera rápida y contundente.

Hoy en día, el Instituto Nacional de Estándares y Tecnología (NIST) de E.U.A, tiene el estándar primario de frecuencia más preciso del mundo: una fuente de cesio enfriado por rayos láser conocido como NIST-F1. Desde su terminación en 1998, el NIST-F1 ha sido continuamente mejorado y ahora tiene una precisión de $\Delta f / f = 4 \times 10^{-16}$. No obstante, en la actualidad se construye el NIST-F2, un estándar de fuente atómica de segunda generación que reemplazará al estándar NIST-F1 y promete aún más precisión.

1.3.1. Antecendentes de la definición del segundo

Es difícil estimar el impacto que la medición atómica del tiempo ha tenido en la sociedad moderna. Las tecnologías que a menudo utilizamos como los teléfonos celulares, el Sistema de Posicionamiento Global (GPS) y la red de energía eléctrica dependen de la exactitud de los relojes atómicos.

Figura 1.2: El estándar de fuente de cesio NIST-F1.

La redefinición del segundo basada en el átomo de cesio en el SI, fue hecha en 1967. Antes de ella, la definición del segundo siempre había estado relacionada con escalas de tiempo astronómicas.

1.3.2. Primeros estándares

Todos los estándares de tiempo y frecuencia se refieren a un evento periódico que se repite a una velocidad casi constante. El evento periódico es producido por un dispositivo llamado resonador, el cual es impulsado por una fuente de energía y juntos, resonador y fuente energética, forman un oscilador. El oscilador trabaja a una velocidad llamada frecuencia de resonancia, que es el inverso del período T.

Todos los relojes dependen de un oscilador, así que cualquier incertidumbre o cambio en la frecuencia del oscilador resultará en una correspondiente incertidumbre o cambio en la precisión del reloj para medir el tiempo. El desempeño de un oscilador puede expresarse como $\Delta f / f$ donde f representa el valor teórico de la frecuencia y Δf su incertidumbre.

Mejorar la precisión con que se mide el tiempo ha sido una de las búsquedas más antiguas de la humanidad, la cual ha sido básicamente una búsqueda por los mejores osciladores, que se caracterizan por tener un periodo bien definido, son estables y difíciles de perturbar. Los primeros astrónomos se dieron cuenta de que la rotación de la Tierra alrededor de su eje podía servir como un oscilador natural por lo que el segundo se definió como una fracción (1/86,400) de la duración de un día solar. Posteriormente, para crear una unidad de tiempo más precisa, los astrónomos utilizaron el periodo de giro de la Tierra alrededor del Sol para definir el segundo en el SI.

Luego de las definiciones del segundo basadas en periodos astronómicos y antes de la era atómica, osciladores mecánicos y eléctricos sirvieron en laboratorios como estándares para la medición del tiempo.

En el NBS (National Bureau of Standards) ahora conocido como NIST, los relojes de péndulo, basados en el principio descubierto por Galilei, sirvieron como los estándares para la medición del tiempo. Por casi 300 años después del descubrimiento de Galileo, los relojes de péndulo dominaron el mundo de la medición del tiempo. Posteriormente fueron utilizados osciladores de cristal de cuarzo basados en el fenómeno de piezoeléctricidad descubierto por P. Currie en 1880, los cuales resonaban a una frecuencia casi constante cuando se apliacaba una corriente eléctrica. El crédito de este descubrimiento es de Walter Cady quien patentó un resonador piezoeléctrico designado como estándar de frecuencia en 1923. Estos osciladores pronto fueron utilizados para controlar las frecuencias de transmisión de radio.

Los osciladores de cuarzo aún son utilizados en una cantidad casi ilimitada de aplicaciones. Están presentes en relojes, teléfonos celulares, computadoras, radios y en muchos tipos de circuitos electrónicos. Sin embargo, su frecuencia de resonancia puede verse afectada debido al envejecimiento del oscilador y más rápidamente, debido a factores ambientales como la humedad o la presión. Además de que los osciladores de cuarzo dependen de la forma del cuarzo por lo que dos osciladores iguales no pueden tener exactamente la misma frecuencia. Esto condujó al desarrollo de los osciladores atómicos. A diferencia de otros osciladores, un grupo de osciladores atómicos teóricamente generan todos la misma frecuencia, además de que a diferencia de los resonadores eléctricos o mecánicos los átomos no se desgastan, y sus propiedades no cambian con el tiempo.

Los osciladores atómicos usan los niveles de energía cuantizada en átomos y moléculas como la fuente de su frecuencia de resonancia. Las leyes de la mecánica cuántica dictan que las energías de un sistema aislado, como el átomo, tienen ciertos valores discretos. Un campo electromagético de una frecuencia particular puede impulsar un átomo de un nivel de energía a otro nivel más alto. De la misma manera, un átomo en un nivel de energía alto puede caer a un nivel de energía más bajo, emitiendo energía. La frecuencia de resonancia de un oscilador atómico es proporcional a la diferencia entre ambos niveles de energía.

En teoría, un átomo es un péndulo perfecto cuyas oscilaciones pueden usarse como un estándar de frecuencia. Es por ello que el estándar de frecuencia actual NIST-F1, basado en oscilaciones atómicas de Cesio, es tan preciso. Aunque enfrenta dos problemas físicos importantes: la radiación emitida por el recipiente a 300 K que contiene la muestra de cesio utilizada en el estándar y el cambio en la frecuencia de los átomos de cesio (corrimiento al rojo) debido a la trayectoria que recorren los átomos dentro del estándar, y al potencial gravitacional en el que se encuentran. El estándar NIST-F2, ahora en construcción, busca minimizar las incertidumbre causadas por ambos fenómenos prometiendo con ello aún más precisión.

1.4. ¿Cuál es el reloj más preciso del universo?

Radioastrónomos han descubierto 17 pulsares de milisegundos en nuestra galaxia al estudiar fuentes de alta energía detectadas por el telescopio espacial Fermi de rayos gamma.

La difícil tarea de localizar este tipo de objetos promete usarlos como una especie de GPS galáctico, y para detectar ondas gravitacionales que pasan cerca de nuestro planeta. Un pulsar es una estrella de neutrones con campo magnético y de rápida rotación que ha quedado como remanente de la explosión de una estrella masiva. Debido a que la rápida rotación genera una emisión de intensos rayos gamma, ondas de radio y partículas, estos pulsares disminuyen poco a poco su rotación al ir envejeciendo. Los pulsares viejos giran cientos, hasta miles de veces por segundo, mucho más rápido que una batidora de cocina. Estos pulsares de milisegundos se han transformado y rejuvenecido por el aumento de materia tomada de una estrella compañera.

Los radioastrónomos descubrieron el primer pulsar de milisegundos hace muchos años. Localizar estos objetos con rastreos de radio en todo el cielo requiere un enorme esfuerzo y tiempo, y hasta ahora únicamente se han localizado un total de 60 en el disco de nuestra galaxia. El telescopio espacial Fermi apunta a objetivos específicos.

Los pulsares de milisegundos son los relojes más precisos de la naturaleza, con una estabilidad por debajo del femtosegundo en largos plazos, rivalizando con los relojes atómicos humanos. El monitoreo preciso de los cambios en el tiempo en un conjunto de pulsares de milisegundo en todo el cielo podrá permitir la primera detección de ondas gravitacionales, una predicción de la Relatividad General de Einstein.

El Sistema de Posicionamiento Global (GPS) se basa en la medición del tiempo de retraso entre relojes de satélites para determinar dónde se encuentra usted, en la Tierra. De modo similar, al monitorear los cambios de tiempo de una constelación de pulsares de milisegundo ubicados en todo el cielo, nos permitirá detectar el fondo acumulado de ondas gravitacionales que pasan.

Para una vista más detallada en longitudes de ondas de radio, se organizó el Consorcio de Búsqueda de Pulsares de Fermi, y se reclutó un grupo de radioastrónomos con experiencia en el uso de cinco de los radiotelescopios más grandes a nivel mundial: el Observatorio Nacional de Radioastronomía; Telescopio Robert C. Byrd Green Bank, en Virginia Occidental; Observatorio Parkes, en Australia; el Radiotelescopio Nançay, en Francia, el Radiotelescopio Effelsberg, en Alemania; y el Telescopio Arecibo, en Puerto Rico.

Después de estudiar aproximadamente 100 objetivos, y con un intensivo análisis computacional de datos, los descubrimientos recién empiezan. Cuatro de los nuevos objetos son pulsares también llamados "viudas negras", debido a que la radiación proviene de pulsares reciclados que destruyeron a su estrella compañera para poder aumentar su tasa de giro. Algunas de estas estrellas tienen reducida su masa al equivalente de decenas de Júpiteres. Se han duplicado el número conocido de estos sistemas en el disco de la galaxia, lo que nos ayudará a comprender mejor su desarrollo.

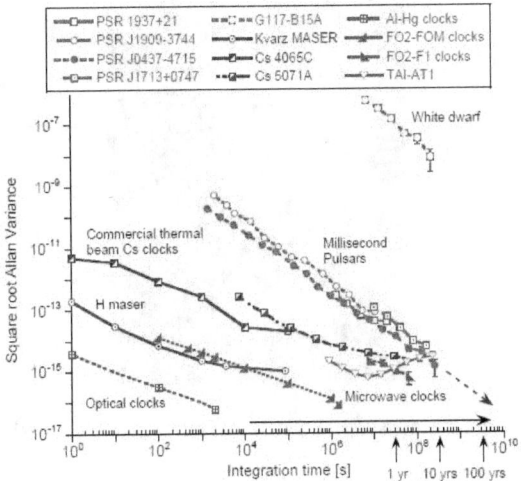

Figura 1.3: Estabilidad de las frecuencias emitidas por distintas fuentes, incluyendo fuentes de frecuencias astrofísicas (mostradas en rojo), frecuencias emitidas por osciladores comerciales (en azul) y frecuencias emitidas por relojes de los mejores laboratorios del mundo (en verde).

1.5. Una breve biografía de Albert Einstein

Albert Einstein nació el día 14 de marzo de 1879 en Ulm (Baden-Württhemberg), Pauline Koch y Hermann Einstein fueron sus padres. Contrajeron nupcias en 1876 y tres años después tuvieron a su único varón, Albert. Posteriormente, en 1881 nació su hermana Marie, a quien de cariño llamaban Maja.

Hermann Einstein, era un hombre alegre, amante de la vida y de su entorno social; junto con su hermano Jacob, quien era ingeniero, atendían un pequeño negocio de electromecánica. Jacob que era muy allegado a la familia, fue una de las primeras personas que influyó en su sobrino Albert: le transmitió su pasión por la ciencia y le dio sus primeras clases de matemáticas.

Pauline Koch, tenía un carácter más serio y artístico que el de su marido; era gran amante de la música, de la alemana en general y de la de Beethoven en particular. Sin duda, Pauline constituyó una pieza

19

Figura 1.4: Albert Einstein, aparentemente en 1921

fundamental para que Einstein desarrollorá su personalidad, ya que nunca dudó de la capacidad de su hijo y siempre tuvo gran confianza en él.

Pauline fomentó en su hijo el interés por la música, cuando él tenía 6 años contrató a una maestra para que le enseñara a tocar el violín y cuando Einstein tenía trece empezaron a tocar dúos; costumbre que conservaron hasta la muerte de ella. Con el tiempo Albert se convertiría en un gran melómano, amante de la música de Mozart. Sorpresivamente, no fue un niño prodigio y debido a su retardo para comenzar a hablar sus padres pensaron que podía padecer algún tipo de retraso mental, lo que incluso les llevó a visitar al médico. Este retraso ha motivado algunas leyendas o anécdotas cuya veracidad no termina de esclarecerse. Una de ellas afirma que, un día durante la cena inesperadamente empezó a hablar y lo hizo con soltura, lo único que dijo fue que la sopa quemaba y que si no había hablado hasta ese momento era porque no había tenido nada que decir(?). Ya desde niño podían apreciarse los rasgos más sobresalientes de su futura personalidad: gran sensibilidad, interés por lo intelectual, independencia y amor a la soledad. Se echaba a llorar ante la vista de un desfile militar y pedía desesperadamente que lo salvasen de tener –algún día– que ingresar en el ejército. En cierta ocasión, estando en cama por una leve enfermedad, su padre le regaló una brújula, instrumento que lo impresionó especialmente. No era del agrado de Einstein el aprendizaje memorístico, fue un alumno de curiosidad insaciable, que siempre tenía preguntas que no estaban en los textos, lo que llegaba a irritar a algunos profesores. Terminó sus estudios primarios en 1888, y un año después ingresó en el Luitpold Gymnasium, una preparatoria.

De nuevo las necesidades económicas obligan a la familia a trasladar su negocio en 1894, esta vez a Milán. Al llegar ahí Einstein continuó sus estudios en la escuela cantonal de Aarau lo que le permitió posteriormente su ingreso a la Escuela Politécnica de Zurich. Allí enseñaba Minkowski, de quien Einstein tomó algunas herramientas geométricas que después fueron esenciales para sus trabajos. Contrariamente a lo que le pasó con el sistema alemán, el sistema educativo italiano sí era de su agrado. Por esta época era un alumno aventajado en matemáticas, aunque mediocre en historia y en lenguas clásicas. Siendo aún un adolescente se entretenía leyendo a Kant, y ya tenía la firme convicción de ser físico teórico. Como el negocio tampoco funcionó en esta ciudad, la familia tuvo que trasladarse a Pavía (Lombardía, Italia).

Según él mismo comentó, eligió dedicarse a la física, en vez de a la matemática, pues por su extensión le parecía más fácil de abarcar completamente. Como alumno seguía sin ser del agrado de los profesores, esta vez era Weber quien se quejaba: "Usted es un muchacho inteligente, Einstein, muy inteligente, pero tiene un gran defecto: no hace usted caso de nadie". En 1900, a los veintiún años, termina sus estudios superiores y obtiene la licenciatura en física; su nota media fue de 4.91 puntos sobre 6. El año de 1901 traería para él muchos cambios. Estuvo encargado de las clases de matemáticas en la Escuela Técnica de Winterthur. Publica "Consecuencias de los fenómenos de capilaridad", su primer escrito científico y, con la alegría de haber encontrado su primer empleo, le escribe una carta al profesor Alfred Stern: ¡Qué maravillosa sensación se experimenta cuando se descubre la unidad de un complejo de fenómenos que ante la percepción sensible aparecían como cosas completamente independientes!. Para su suerte se libró del servicio militar obligatorio por padecer pies planos y varices. Este año también le es concedida la nacionalidad suiza. Al año siguiente, 1902, trabaja como preceptor en un internado de Schaffhausen, hasta que en junio comienza su trabajo como técnico en la Oficina de Patentes de

Berna, empleo que consiguió gracias a la recomendación del padre de Marcel Grossmann, matemático, compañero de trabajo y amigo que le aportó muchos conocimientos de geometría. Según Albert, el trabajo consistía en hacer labores manuales y rutinarias, "de zapatero"; aunque después siempre recomendó a los investigadores jóvenes hacer este tipo de trabajos, para evitar los peligros de un desarrollo intelectual desequilibrado. En 1903 contrae matrimonio con Mileva, compañera de estudios, reservada y taciturna. Einstein obtuvo el grado de doctor en Filosofía Natural por la Universidad de Zurich con el trabajo "Una nueva determinación de las dimensiones moleculares".

Es 1905 un año especial para Einstein y para la física (por este motivo ha sido elegido 2005 como Año Mundial de la Física), porque a sus veintiséis años verán la publicación algunos de sus trabajos más importantes. En el tomo XXVII del Annalen der Physik publica "Sobre la electrodinámica de los cuerpos en movimiento". Él mismo destruyó las treinta páginas manuscritas de este artículo después de su publicación; pero dado su interés histórico hizo una copia en 1943. En 1906 escribe un artículo sobre el movimiento browniano con el que demuestra la existencia del átomo. Por suerte para todos, sus palabras: "pronto llegaré a esa edad estacionaria y estéril en la que uno comienza a quejarse de la mentalidad revolucionaria de los jóvenes" estaban lejos de cumplirse, si es que alguna vez lo hicieron. En 1907 encontró la famosísima fórmula que relaciona energía, masa y velocidad de la luz ($E_0 = mc^2$), y en 1908 publica un trabajo sobre el Principio de la Relatividad. Al año siguiente, con veintinueve años, es admitido como profesor en la Universidad de Zurich.

En el año de 1910 se produce una vacante en la Universidad de Praga, y se traslada hacia allá, esta vez ayudado por Anton Lampa, físico y discípulo entusiasta de Mach. Cuando Lampa pide referencias a Max Planck sobre la valía de Einstein, Planck responde: "Si la teoría de Einstein se comprueba, como espero, será considerado como el Copérnico del siglo XX". Este año nace su segundo hijo, Eduard, a quien con el tiempo un sentimiento de abandono le causó graves problemas psicológicos. Mileva acompañó al hijo de ambos hasta su propia muerte, después fue internado en un sanatorio. Éste fue uno de los mayores problemas familiares que tuvo que sobrellevar Einstein. Por último, este año Einstein resolvió la llamada anomalía del planeta Mercurio, problema que había tenido muy ocupados a los científicos. Publica "Influencia de la fuerza de la gravedad en la propagación de la luz"; y en 1912, "Sobre las bases termodinámicas de la Ley de la Equivalencia Fotoquímica". Vuelve a Zurich para ocupar la cátedra de Física Teórica de la Escuela Politécnica.

En 1913 es nombrado profesor de la Universidad de Berlín, y es designado miembro de la Academia de Prusia. Junto con Grossmann publica su primer trabajo sobre la Teoría General de la Relatividad. En 1914, en contra de los deseos de Mileva, la familia se traslada a la fría Berlín. Poco después la guerra sorprende fuera, en una de sus estancias estivales, a Mileva, lo que termina de separar al matrimonio.

Durante esta época el ambiente no es tampoco agradable para Einstein. Obligado durante la guerra a colaborar con el ejército, como tantos otros científicos, Einstein participa en el diseño del ala de un avión, que para su tranquilidad nunca llegó a volar. Por estas fechas, junto con el gran pacifista Georg Nicolai, escribe el "Manifiesto pacifista", que firmaron muy pocos intelectuales.

Un año digno de ser señalado es 1916, pues es en este año en que publica su libro sobre la Teoría de la Relatividad Especial y General. Posteriormente, en 1919, cuando las observaciones del científico británico Eddington de un eclipse solar confirmaron las predicciones de Einstein acerca de la curvatura del espacio-tiempo, y por tanto, de la luz, fue idolatrado por la prensa.

Su atuendo era extravagante, y dejó de usar calcetines para el resto de su vida. Los amigos de su prima Elsa, quien vivía con ellos, pensaban que estaba algo loco. Mileva, que tuvo conocimiento de toda esta situación, y dado que no quería compartirla, hizo elegir a Einstein entre ella ó esa vida, lo que inició el expediente de divorcio entre ellos. Más tarde Einstein se casó con Elsa, en quien encontró una pareja ideal. En 1921 le es concedido el Premio Nobel de Física por su teoría del efecto fotoeléctrico y no por la teoría de la relatividad.

Por esta época, en cuestiones científicas, y en contra de la tendencia de los científicos coetáneos, quienes dedican sus esfuerzos a la física cuántica y a la mecánica estadística, Einstein sigue intentando unificar las fuerzas gravitatorias y electromagneticas. En 1929 la Academia de

23

Prusia publica su "Teoría del Campo Unificado". En 1933 Einstein se embarca hacia un exilio del que nunca volvería y fija su residencia en Princeton, pues veía en América a un país muy afortunado. En 1934 muere su hija Ilse, y en 1936 su segunda esposa. Junto con L. Infeld, uno de los profesores de J. Plebansky (Cinvestav), publica el libro de divulgación "La Evolución de la Física".

Propugnaba la creación de un súper estado mundial con una fuerza militar disuasoria. El apoyo del físico a la creación de la bomba atómica se limita a la escritura –en 1939 y en 1940– de dos cartas al presidente Roosevelt para incentivar el proyecto estadounidense de creación de la bomba atómica, el Proyecto Manhattan. Las bombas fueron lanzadas desde el avión Alegre Elena, cuando ya los alemanes, por motivos económicos, habían desistido de su fabricación. El piloto del avión terminó sus días en un psiquiátrico, y parece ser que Einstein, a la vista de los resultados, dijo que de haberlo sabido hubiese preferido hacerse fontanero.

En 1950 la Universidad de Princeton publica una nueva teoría de Einstein sobre el Campo Unificado: fragmentaria, formalmente coherente, pero difícilmente experimentable. En 1952, durante un eclipse de sol, se vuelve a corroborar con bastante exactitud su Teoría de la Relatividad. Este mismo año le ofrecen la presidencia del Estado de Israel, pero presenta su renuncia argumentando que: "Durante toda la vida me he dedicado a problemas objetivos y carezco de las aptitudes naturales y de la experiencia necesaria para tratar como es debido con la gente y ejercer funciones oficiales".

El 11 de abril de 1955, a los setenta y seis años, Albert Einstein cae gravemente enfermo, es hospitalizado y el día 18 de abril del mismo año fallece. Los funerales fueron tan sencillos como sus gustos: no hubo ceremonias, ni discursos, ni siquiera una tumba; rodeado de un reducido grupo de gente fue incinerado, y sus cenizas esparcidas en las aguas de un río.

Pocos han sido los honores que no se le han rendido a este genio. Ha sido considerado como el hombre más querido y el ídolo más duradero de la Tierra, el Newton y el cerebro más poderoso de su siglo, el hombre más grande del mundo. Bernard Shaw lo consideró como uno de los ocho hombres que en los últimos 2500 años han creado universos de

24

conocimiento y que representan cumbres en la síntesis intelectual y en los descubrimientos: Pitágoras, Aristóteles, Ptolomeo, Copérnico, Galileo, Kepler, Newton y Einstein.

1.6. Einstein y Mileva Maric: una colaboración fallida

Mileva Maric nació en 1875 de madre de descendencia Montenegro, en Titrel, un pueblo de Vojvodina, entonces parte del imperio Austriaco-Húngaro. Como estudiante de la Royal Gymnasium en Zagreb (Croacia), obtuvo permiso para estudiar en una clase de física para hombres, graduándose con muy buenas notas en física y matemáticas. Después se mudó a Zurich y fue admitida en el Instituto Politécnico de Zurich donde entró a la sección VIA. Einstein y Maric fueron los únicos estudiantes de física que entraron a la sección VIA en 1896.

Mileva fue la primera esposa de Einstein, la relación entre ellos progresó durante sus años de universidad. Cuando Einstein se graduó, consiguió un trabajo temporal fuera de Zurich mientras tanto Mileva continuaba en la universidad y se preparaba para realizar de nuevo los exámenes finales pues había perdido los primeros. Cada sábado Albert la visitaba en Zurich. En una de aquellas visitas Mileva le informó que estaba embarazada. El embarazo la perjudicó en sus estudios y abandonó la universidad, desolada, regreso a casa de sus padres. Su padre, al enterarse de lo ocurrido, prohibió rotundamente a Mileva casarse con Einstein.

En el invierno de 1902 Mileva dio a luz una niña, Lieserl, referida así en las cartas que se mandó la pareja entre 1897 y 1903, descuebiertas en 1987. Nadie sabe qué ocurrió con la única hija de Einstein, aparentemente desarrolló fiebre escarlatina, pero no se han encontrado registros de lo que pasó con ella. Es probable que Mileva la haya dado en adopción poco después de su nacimiento, quedando registrada con el nombre de su nueva familia. En el mismo año, Einstein se mudó a Berna para empezar a trabajar en la oficina de patentes en Suiza. Maric pronto lo siguió ya sin Lieserl y la pareja contrajo nupcias en enero de 1903. Cerca de un año después, nació su primer hijo varón, Hans Albert. Sin embargo, Einstein le dedicaba mucho tiempo a su trabajo y prestaba poca atención a la esposa y al hijo por lo que los problemas entre ellos comenzaron. La situación deprimió mucho a Mileva mientras Einstein se refugiaba en el trabajo.

El 28 de Julio de 1910 nació Eduard, su tercer hijo. Las cosas mejoraron entre ellos aunque no por mucho tiempo pues Mileva estaba celosa de las mujeres con las que su marido coqueteaba.

Figura 1.5: Mileva Maric y A. Einstein.

En los siete años que estuvo trabajando en la oficina de patentes, especialmente de 1905 en adelante, Einstein produjo un flujo constante de artículos y en 1909 dejó la oficina de patentes. En Octubre de ese mismo año el matrimonio de los Einstein se encontraba en problemas y surge una crisis marital como consecuencia de los celos de Mileva hacia una amiga de Einstein: Anna Meyer-Schmid. La cuota que pagó Mileva debido al éxito de Einstein, se hizo evidente con aquellos que los rodeaban: su mal humor era cada vez más frecuente. Ella remplazó el cariño de Einstein por el cariño de su hijo Hans Albert.

Mileva pronto se dio cuenta de que no sólo competía con la ciencia por Einstein, pues en una visita a Berlín él comenzó una relación con su prima Elsa Löwenthal quien era divorciada y tenía dos hijas. En 1914 Maric y sus hijos se mudaron a Berlín con Einstein donde ella se dio cuenta de que una de las mayores atracciones de Einstein era Elsa, y se regresó a Zurich con sus dos hijos para nunca más vivir con Einstein.

Después de su separación, Einstein veía a Elsa más a menudo y en septiembre de 1917 se fue a vivir con ella, Elsa estaba claramente interesada en él y lo presionó para que se divorciara. El divorcio finalmente se concretó en 1919 en el mismo año en que contrajeron nupcias. Nuevamente los coqueteos de Einstein con otras mujeres causaron algunos problemas pero la pareja permaneció unida hasta la muerte de Elsa en 1936. Para ese año ya vivían en Estados Unidos, al igual que Maja, hermana de Einstein, quien a la muerte de Elsa se reunió en Princeton con Margot Einstein, hija de Elsa y con Helen Dukas, secretaria de toda la vida de Einstein. Las tres mujeres vivieron con él, manejaban la casa y ayudaban a Einstein con la correspondencia, además de ofrecerle compañía, consejo y afecto.

Otra de las mujeres que influyó en la vida de Albert fue su contemporánea Marie Curie. Su descubrimiento de la radiactividad (junto con su esposo, Pierre, y el colega de ambos, Henri Becquerel) desempeñó un papel importante en el desarrollo de la ecuación de Einstein $E_0 = mc^2$. Cuando Einstein y Mileva aún estaban juntos frecuentaban a los Curie y llegaron a ser muy buenos amigos.

En lo que respecta a los trabajos como física de Maric la mayoría trataban sobre su estancia en el Politécnico, otros se referían a su preparación para la segunda ronda de exámenes. Einstein en una carta hace referencia a "nuestro trabajo en movimiento relativo" después que deja Zurich para estar con sus padres. En muchos otras partes de sus cartas hace referencias a su trabajo en movimiento relativo y demás temas de física, pero se refiere sólo a lo que él había hecho.

Mileva sin duda había comenzado al mismo nivel intelectual de Einstein; leían, esudiaban y hablaban de física juntos. No obstante, para 1902 su asociación había cambiado porque el pensamiento de Einstein se había desarrollado más y estaba en otro nivel. Pero hasta entonces Mileva le ayudó a concretar las ideas.

El papel más importante que tiene Mileva según datos recabados, fue el de un soporte para Einstein, ella pudo haber participado haciendo cálculos, buscando información, etc.. . . pero sin duda ella no aportó la genialidad de las ideas a las teorías de Albert Einstein, uno de los mejores físicos, quien se ubica al mismo nivel de James C. Maxwell ó Isaac Newton.

1.6.1. Ludek Zakel: un hijo en teoría

En 1995 un físico checo de entonces 63 años llamado Ludek Zakel afirmó ser hijo de Albert Einstein y Elsa Löwenthal. Aunque no puede comprobarlo, dice que la hijastra de Albert le confesó que su verdadera madre biológica era Elsa quien había ido a Praga porque creía tener un tumor y descubrió que estaba embarazada. Afirma también, que fue cambiado al nacer, pues el verdadero hijo de la mujer que lo crió había muerto al nacer.

Figura 1.6: Ludek Zakel, tiene un asombroso parecido con Albert Einstein.

Figura 1.7: Einstein y su segunda esposa, Elsa.

Capítulo 2

Invariancia de la velocidad de la luz

2.1. Historia de la medición de la luz

¿Qué es la luz? y ¿cuál es su velocidad? han sido preguntas que se han hecho filósofos, teólogos y científicos durante cientos de años. Ya desde la Grecia clásica se formularon teorías sobre la naturaleza de la luz; pensaban que la luz emanaba de los objetos y que la visión humana se emitía desde los ojos para capturar la luz, por ejemplo Pitágoras (585-505 a. C.) pensaba que la luz emanaba del ojo en forma de rayos luminosos que se propagan en línea recta. La visión era el resultado del choque con los cuerpos y el ojo funcionaba como un receptor similar como lo es hoy en día un radar.

Para el siglo XVII Newton elaboró la teoría corpuscular de la luz según la cual la luz era un chorro de partículas que se originaba en la lámpara y a principios del siglo XVIII era creencia generalizada que la luz estaba compuesta de pequeñas partículas. Fenómenos como la reflexión, la refracción y las sombras de los cuerpos se podían esperar de torrentes de partículas. Newton demostró que la refracción era provocada por el cambio de velocidad de la luz al cambiar de medio y trató de explicarlo diciendo que las partículas aumentaban su velocidad al aumentar la densidad del medio. La comunidad científica, consciente del prestigio de Newton, aceptó su teoría corpuscular.

Sin embargo, Huygens, contemporáneo de Newton, se inclinó por la teoría ondulatoria la cual decribe a la luz como ondas propagándose en el espacio, dedujo las leyes de la reflexión y de la refracción e incluso explicó la doble refracción de la calcita a partir del modelo ondulatorio.

Hoy sabemos que la luz tiene un comportamiento onda-partícula y que algunos fenómenos como el *efecto fotoeléctrico*, de Hallwachs y Einstein, se entienden más fácil usando el concepto de partícula y otros como la interferencia con el concepto de onda.

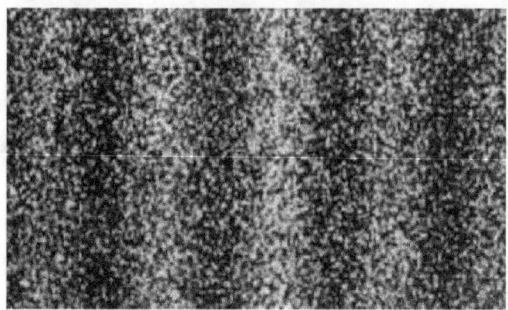

Figura 2.1: Patron de interferencia construido por un chorro de partículas. En este caso se utilizaron 140,000 electrones.

En la época de Galileo la creencia popular acerca de la propagación de la luz era que que se propagaba instantáneamente y por tanto, que tenía una velocidad infinita. Galileo (1564-1642) dudó que la velocidad de la luz fuera infinita y propuso un experimento: dos personas toman una lámpara y se colocan en la cima de dos montañas diferentes. Una prende su lámpara y la otra debe prender la suya tan pronto como vea la luz de la lámpara del primero. De esta manera se podía calcular cuánto tiempo había pasado antes de que se viera la luz de la otra montaña. Sin embargo, la velocidad de la luz es tan elevada que es imposible detectarla mediante un experimento de este tipo.

Algunas de las mediciones exitosas que se han hecho de la velocidad de la luz se resumen en la siguiente tabla:

Fecha	Investigador	País	Procedimiento	Velocidad (km/s)
1676	Ole Rømer y J. Cassini	Dinamarca & Italia	En colaboración con Cassini, Rømer detectó que el tiempo entre los eclipses del satélite Io de Júpiter era menor cuando la distancia de Júpiter a la Tierra decrecía, y viceversa. Dedujo que se debía a que la luz tiene que viajar más cuando la Tierra está más lejos de Júpiter.	230,000
1728	James Bradley	Inglaterrra	Estudió la velocidad observando las aberraciones de las estrellas, que es el desplazamiento aparente de las estrellas debido al movimiento de la Tierra alrededor del Sol.	301,000
1849	Armand Fizeau	Francia	Reflejó un haz de luz en un espejo a 8 km de distancia. El haz pasa a través de una rueda dentada cuya velocidad se incrementa hasta que el haz de retorno ha pasado completo el siguiente hueco de la rueda.	315,000
1850	León Foucault	Francia	Mejoró el método de Fizeau sustituyendo la rueda dentada por espejos en rotación.	298,000
1858	Bernhard Riemann	Alemania	Propuso una ecuación de onda invariante relativista para el potencial electromagnético: $\varphi = cA_0$ en un intento por conciliar la electrodinámica escalar con los experimentos de Kohlraush y Weber de 1855. La velocidad de la luz que estimó se basó en la definición $c \equiv 1/\sqrt{\varepsilon_0\mu_0}$.	310,738
1891	René P. Blondlot	Francia	Creó un sistema de ondas estacionarias con nodos y antinodos espaciados a distancias regulares haciendo pasar frecuencias selectas por un par de cables paralelos, conociendo la frecuencia y las distancias entre los nodos se puede calcular la velocidad de la radiación.	297,600
1926	Albert A. Michelson	E.U.A.	Utilizó espejos rotatorios para medir el tiempo que tardaba la luz en hacer un viaje de ida y vuelta entre la montaña Wilson y la montaña San Antonio en California.	299,520.
1906	E. B. Rosa y N. E. Dorsey	E.U.A.	Se comparó la capacitancia de un condensador en unidades electromagnéticas, medida experimentalmente, con la capacitancia del mismo condensador en unidades electrostáticas.	299,781
1950	Louis Essen	Inglaterra	Usó radiación para producir ondas estacionarias en un cilindro metálico cerrado con una pequeña cavidad.	299,792
1958	Keith D. Froome	Inglaterra	Hizo uso de un interferómetro de microondas y una celda Kerr.	299,792.5

Los experimentos que realizaron Albert Abraham Michelson (1852-1931) y Edward W. Morley (1838-1923) con el interferómetro que lleva su nombre, probaron la invariancia de la velocidad de la luz que es la base del principio de la relatividad de Einstein. En 1907, Michelson recibió el premio Nobel de Física.

La velocidad de la luz c actualmente no es una magnitud medida, sino que se ha establecido un valor fijo en el Sistema Internacional de Unidades. Desde 1983 el metro ha sido definido como la longitud que viaja la luz en el vacío en el intervalo de tiempo $1/299792.458$ de un segundo, de forma que la velocidad de la luz se define exactamente $c = 299,792.458$ km/s.

2.2. Rømer y las lunas de Júpiter

El descubrimiento de la velocidad finita de la luz hecho por el astrónomo danés Ole Rømer publicado en su artículo de 1676, se basó en los eclipses del satélite Io de Júpiter. El satélite Io gira alrededor de Júpiter como la Luna alrededor de la Tierra. El Sol ilumina a Júpiter que proyecta su sombra en el espacio, como el satélite Io se encuentra prácticamente en el plano de la órbita de Júpiter alrededor del Sol, Io entra en la sombra proyectada por Jupiter quedando oculto durante un pequeño intervalo de tiempo (es eclipsado), después sale y continua su trayectoria alrededor de Júpiter.

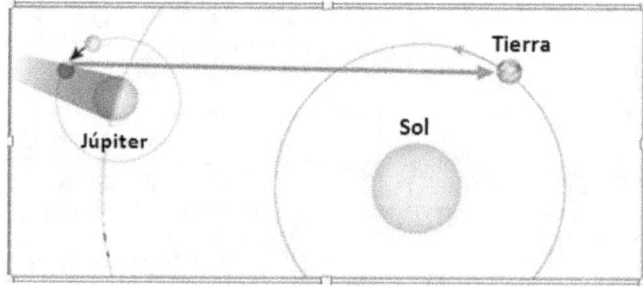

Figura 2.2: Eclipse del satélite Io cuando la Tierra está más lejos de Júpiter. Un observador en la Tierra registra el tiempo transcurrido entre dos eclipses consecutivos.

Rømer fue el encargado de calcular el periodo de Io alrededor de

Júpiter, utilizando el intervalo de tiempo transcurrido entre dos eclipses consecutivos calculó una duración media de 42.5 hrs. Sin embargo, después de observar los eclipses por varios meses, se dio cuenta de que cuando la Tierra estaba más alejada de Júpiter, el periodo de Io era mayor que el valor medio y menor cuando estaba más cerca de Júpiter. De ello Rømer dedujo que la causa de estas diferencias era la velocidad finita de la luz (que en ese tiempo se consideraba infinita) pues debido a la variación de la distancia entre Júpiter y la Tierra a la luz le tomaba más tiempo llegar a la Tierra cuando ésta estaba más alejada de Júpiter y viceversa.

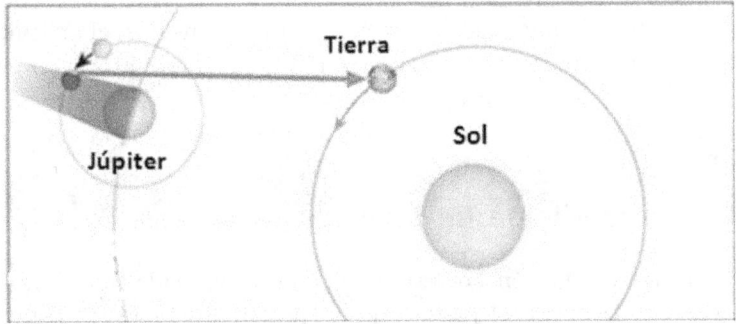

Figura 2.3: Eclipse del satélite Io cuando la Tierra está más cerca de Júpiter. El observador nota que el tiempo transcurrido entre dos eclipses consecutivos es menor que el registrado cuando la Tierra está más lejos de Júpiter. Esta variación se debe a que a la luz ahora le toma menos tiempo recorrer la distancia entre el satélite y la Tierra.

Mediante la variación de los periodos de Io, Rømer calculó el tiempo que la luz tardaba en recorrer el diámetro de la órbita de la Tierra. Del cociente entre el diámetro y el tiempo que tarda la luz en recorrerlo, podemos obtener la velocidad de la luz, cuyo valor calculado en ese tiempo fue de 230,000 km/s. Actualmente, sabemos que el valor más preciso de este tiempo es 1000 s y ya que el valor del diámetro de la orbita terrestre es 2 UA[1] $\simeq$ 300 millones de kilómetros, obtenemos $c \simeq 3 \times 10^8$km$/1000$s $= 3 \times 10^8$ m/s.

A pesar de que el descubrimiento de la velocidad finita de la luz se

---

[1]El valor de la unidad astronómica o AU por sus siglas en inglés, se fijó desde el año 2012 y es exactamente de 1AU= 149,597,870,700 m.

le atribuye históricamente a Rømer, existe un texto en el Observatorio de Paris que parece confirmar la opinión minoritaria de que Jean-Dominique Cassini, un astrónomo que observó los satélites de Júpiter y trabajó en el Observatorio de Paris junto con Rømer, fue el primero en proponer un "movimiento sucesivo" (i.e. finito) de la luz y dio una muy buena aproximación del tiempo que le tomaría a la luz propagarse desde el Sol hasta la Tierra. Sin embargo, las dudas invadieron a Cassini y desechó la hipótesis de la velocidad finita de la luz rápidamente, mientras que Rømer la sostuvo y lo publicó sin tomar en cuenta la oposición de Cassini y otros científicos. Algunos autores opinan que fue un descubrimiento conjunto, para mayor información véase Bobis y Lequeux (2008). Cuando el físico Christian Huygens leyó el artículo de Rømer aceptó con entusiasmo la idea de la velocidad finita de la luz y usando los datos obtenidos por Cassini y Rømer fue el primero en dar un *valor numérico* de 230,000 km/s para la velocidad de la luz.

2.3. La medición de Fizeau

La primera medición no astronómica de la velocidad de la luz fue realizada en 1849 por el físico francés Hippolyte Fizeau. El físico colocó una fuente luminosa junto con un sistema de lentes sobre una colina y aproximadamente a 8.63 km puso un espejo sobre otra colina. En la figura 2.4 se muestra la fuente luminosa, de dicha fuente emerge luz que pasa por una lente convergente cuyo propósito es enfocarla sobre un espejo semiplateado el cual transmite la mitad de la luz hacía el observador (con ayuda de otra lente) y la otra mitad es reflejada de manera que incida sobre un hueco de la rueda dentada. Una vez que la luz pasa por el hueco de la rueda, incide por otra lente cuyo objetivo es formar rayos paralelos, a continuación incide sobre otra lente que enfoca la luz sobre el espejo colocado en la segunda colina. En ese espejo toda la luz es reflejada y regresa por el mismo trayecto y si la rueda dentada no gira, parte de la luz regresa al observador. Sin embargo, el propósito del experimento consiste en hacer girar la rueda.

Fizeau experimentó que a bajas velocidades de rotación, la luz no era visible porque la luz que pasaba a través del hueco de la rueda quedaba obstruida por el diente siguiente después de reflejada en el espejo de la colina lejana. Entonces se aumentaba la velocidad de rotación hasta que la luz pasaba a través del hueco de la rueda. El tiempo necesario para que la rueda girara el ángulo comprendido entre dos huecos sucesivos era igual al tiempo empleado por la luz en recorrer la distancia de la rueda al espejo y volver a la rueda. Así, el valor que obtuvo Fizeau de c fue de 315,000 km/s.

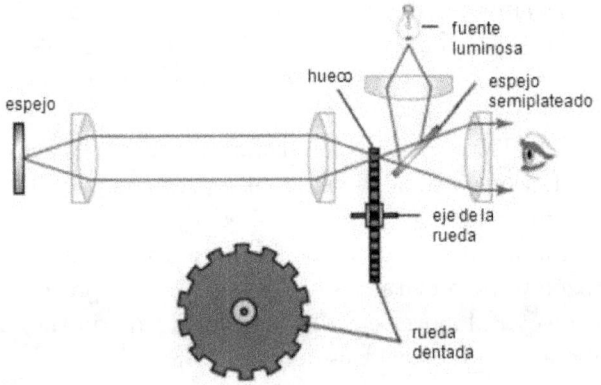

Figura 2.4: Experimento de Fizeau.

Más adelante, Foucault desarrolló un experimento similar (basado en el de Fizeau) sustituyendo la rueda dentada por un espejo giratorio, obteniendo mejores resultados:

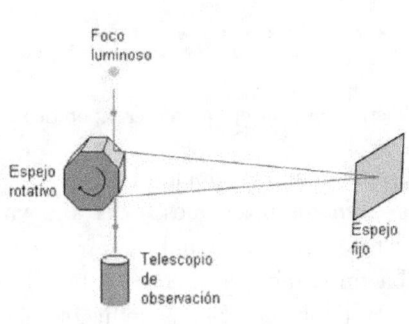

Experimento de Foucault. El espejo rotatorio da un octavo de vuelta durante el tiempo que la luz emplea en ir al espejo fijo y volver, la siguiente cara del espejo está en la posición adecuada para reflejar la luz hacia el observador.

2.4. El interferómetro de Michelson-Morley

A partir de la teoría del electromagnetismo de Maxwell se supo que la luz era un fenómeno ondulatorio y como toda onda necesitaba un medio para propagarse, al medio hipótetico en el que la luz se propagaba se le llamó éter[2].

El experimento de Michelson y Morley, realizado en 1887 por Albert Abraham Michelson y Edward Morley, está considerado como la primera prueba contra la teoría del éter. El propósito de Michelson y Morley era medir la velocidad relativa a la que se mueve la Tierra con respecto al éter.

Cada año, la Tierra recorre una distancia enorme en su órbita alrededor del Sol, a una velocidad de 30 km/s (más de 100.000 km/h). Se creía que la dirección del "viento del éter" con respecto a la posición del Sol variaría al medirse desde la Tierra, y así podría ser detectado. Por esta razón, y para evitar los efectos que podría provocar el Sol en el "viento" de éter al moverse por el espacio, el experimento deberá llevarse a cabo en varios estaciones del año.

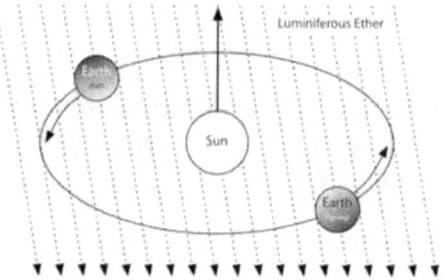

Figura 2.5: Movimiento de la Tierra con respecto a un éter hipotético.

En el experimento se intentaba medir la velocidad de la luz en la Tierra, en distintas direcciones y en distintos meses del año ya que el movimiento relativo del éter no puede ser igual, a la vez, en dos direcciones distintas; se esperaba un cambio aparente en la velocidad de la luz. El efecto del viento del éter sobre las ondas de luz, sería como

---

[2]Como la luz está formada por ondas transversales, el "éter" debe ser más bien una "gelatina eléctrica o magnética".

el de la corriente de un río sobre un nadador que se mueve a favor o en contra de ella. En algunos momentos el nadador sería frenado, y en otros impulsado.

En la base de un edificio cercano al nivel del mar, Michelson y Morley construyeron lo que se conoce como el interferómetro de Michelson. Se compone de una lente semiplateada o semiespejo, que divide la luz monocromática en dos haces de luz coherentes (hoy en día fácilmente realizable por un láser). Con esto se lograba enviar simultáneamente dos rayos de luz (procedentes de la misma fuente) en direcciones perpendiculares, recorriendo distancias iguales (o caminos ópticos iguales) y llegando a un punto en común, en donde se crea un patrón de interferencia que depende de la velocidad de la luz en los dos brazos del interferómetro. Cualquier diferencia en esta velocidad provocada por la diferente dirección de movimiento de la luz (con respecto al movimiento del éter) sería detectada.

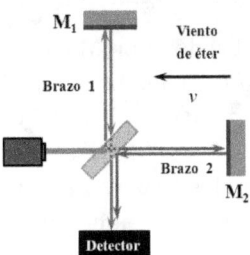

Figura 2.6: El rayo de luz roja se divide en dos haces perpendiculares y después de reflejarse en los espejos M_1 y M_2 interferirán en el detector. Dado que la velocidad del éter cambiaria la trayectoria de uno de los haces se espera encontrar una diferencia en los caminos ópticos.

El intervalo total para un viaje de ida y vuelta a lo largo del brazo 2 es:

$$\Delta t_{\text{brazo2}} = \frac{L}{c+v} + \frac{L}{c-v} = \frac{2Lc}{c^2-v^2}$$
$$= \frac{2L}{c}\left(1 - \frac{v^2}{c^2}\right)^{-1}.$$

Para el brazo 1, dado al movimiento del semi-espejo y por el teorema de Pitágoras, se miden

$$\Delta t_{\text{brazo1}} = \frac{2L}{(c^2 - v^2)^{1/2}} = \frac{2L}{c}\left(1 - \frac{v^2}{c^2}\right)^{-1/2}.$$

La diferencia de tiempo entre el viaje del brazo 1 y 2 es

$$\Delta t = \Delta t_{\text{brazo2}} - \Delta t_{\text{brazo1}} = \frac{2L}{c}\left[\left(1 - \frac{v^2}{c^2}\right)^{-1} - \left(1 - \frac{v^2}{c^2}\right)^{-1/2}\right].$$

Debido a que $v^2/c^2 \ll 1$, podemos simplificar esta expresión con la fórmula binomial $(1-x)^n \approx 1 - nx$, para $x = v^2/c^2$. En nuestro caso, encontramos que $\Delta t \approx Lv^2/c^3$ cuando el interferómetro se haga girar 90° en un plano horizontal, resulta en una diferencia de tiempo doble:

$$\Delta d = c(2\Delta t) = \frac{2Lv^2}{c^2}.$$

En los experimentos realizados por Michelson y Morley se utilizaron brazos de longitud L aproximadamente de 11m debido al "doble" o múltiple recorrido de la luz, véase la Fig. 2.7 y utilizando la rapidez $v_\oplus = 3.0 \times 10^4$m/s de la Tierra alrededor del Sol, obtenemos una diferencia de tiempo transcurrido en los brazos. Esta distancia extra de recorrido debe producir un cambio notorio en el patrón de franjas.

$$\Delta d = \frac{2(11\text{m})(3.0 \times 10^4\text{m/s})^2}{(3.0 \times 10^8\text{m/s})^2} = 2.2 \times 10^{-7}\text{m}.$$

Debido a que un cambio en la longitud de trayectoria de una longitud de onda corresponde a un cambio de una franja, este cambio de franja es igual a la diferencia de trayectoria dividida entre la longitud de onda de la luz:

$$\text{cambio} = \frac{\Delta d}{\lambda} = \frac{2Lv^2}{\lambda c^2}.$$

Si utilizamos una luz de 500nm, para la rotación de 90° del interferómetro esperando un cambio de franjas del orden

$$\text{cambio} = \frac{\Delta d}{\lambda} = \frac{2.2 \times 10^{-7}\text{m}}{5.0 \times 10^{-7}\text{m}} \approx 0.44$$

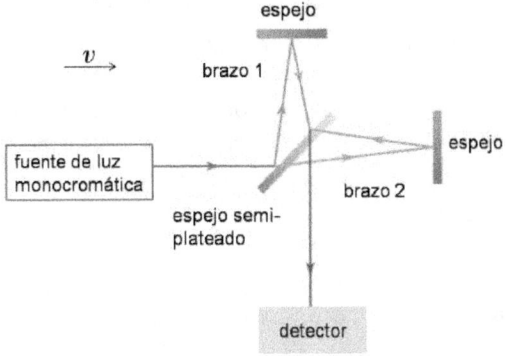

Figura 2.7: Caminos ópticos "más realistas".

El instrumento empleado por Michelson y Morley podría detectar cambios de franja de solo 0.01 y tuvo una precisión observacional del 25 % que se redujo hasta el 1 % en la repetición del experimento por Morley y Miller en 1904, la cual corresponde a una predicción de $\triangle c/c \simeq 10^{-6}$ para la propagación de la luz. No obstante no detectó ningún cambio en el patrón de franjas. Por lo tanto se concluyó que no existe un éter absoluto.

Figura 2.8: Patrón de difracción

2.5. Explicación del experimento de Michelson por contracción de Lorentz

Después de las propuestas ad hoc de Lorentz y Fitzgerald, Einstein resolvió el problema en 1905 con su teoría especial de la relatividad, la cual predice naturalmente una contracción por el factor $\gamma = 1/\sqrt{1-v^2/c^2}$ de Lorentz:

$$\text{Fotones } \perp \vec{v}_\oplus \quad \Delta t_{\text{brazo1}} = \frac{2L}{c}\left(1-\frac{v^2}{c^2}\right)^{-1/2}$$

$$\text{Fotones } \parallel \vec{v}_\oplus \quad \Delta t_{\text{brazo2}} = \frac{2L}{c}\left(1-\frac{v^2}{c^2}\right)^{-1}$$

Del interferómetro de Michelson tenemos experimentalmente que:

$$\Delta t = \Delta t_{\text{brazo2}} - \Delta t_{\text{brazo1}} \simeq 0.$$

Si el brazo 2 sufre la contracción de Lorentz $L \to L\sqrt{1-v^2/c^2}$.

$$\Delta t_{\text{brazo2}} = \frac{2L}{c}\left(1-\frac{v^2}{c^2}\right)^{-1} \to \frac{2L\sqrt{1-v^2/c^2}}{c}\left(1-\frac{v^2}{c^2}\right)^{-1}$$

$$= \frac{2L}{c}\left(1-\frac{v^2}{c^2}\right)^{-1/2} = \Delta t_{\text{brazo1}}$$

Entonces $\Delta t_{\text{RE}} = 0$ exactamente y no hay cambios en el patrón de franjas.

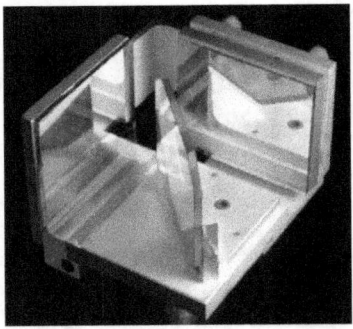

Figura 2.9: Elaboración didáctica del interferómetro de Michelson y Morley.

2.6. Isotropía de propagación de la luz

Recientemente se han llevado a cabo experimentos para probar la isotropía de la luz (quiere decir que la velocidad de la luz es la misma en todas las direcciones) mediante la comparación de las frecuencias de resonancia de dos resonadores ópticos ortogonales tipo Fabry-Perot colocados dentro de un bloque hecho a base de óxido de silicio (cuarzo) fundido, los cuales se hacen rotar en una placa de aire giratorio. Un análisis de los datos registrados durante un año establece un límite para una posible anisotropía de la luz de

$$\Delta c/c \simeq 1 \times 10^{-17}.$$

Esto constituye la prueba de laboratorio más exacta hasta la fecha de la isotropía de c, lo cual permite limitar los parámetros del modelo estándar de física de partículas a un nivel de incertidumbre de 10^{-17}. Véase Herrmann et al. (2009).

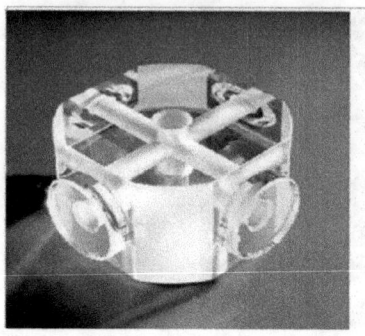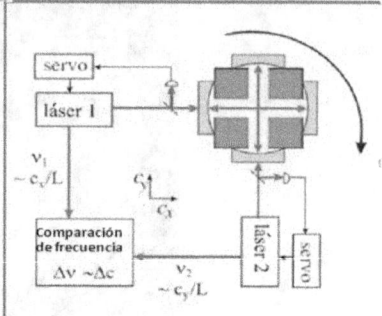

Figura 2.10: Interferómetro de un bloque de cuarzo fundido.

2.7. ¿Velocidades superluminales?

Supongamos que existe una señal con $v = \infty$ (o v>c). El experimentador utiliza esta señal u onda superluminal en el punto A. Un espejo en movimiento con $v < c$ está reflejando esta señal al punto C, el cual puede ser construido por la paralela al eje x'. Pero como $t_C < t_A$ hay un problema con la causalidad para señales superluminales o taquiones. Sin embargo, según Agustín, un "ángel de la guarda" puede estar en diferentes lugares al mismo tiempo:

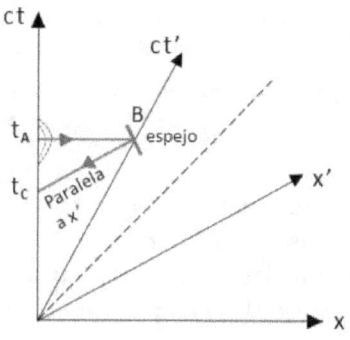

"Et sic angelus in uno instanti potest esse in uno loco, et in alio instanti in alio loco, nullo tempore intermedio existente"

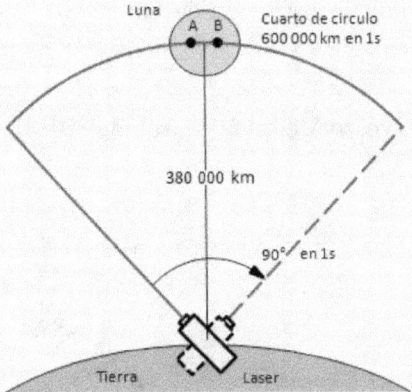

Figura 2.11:

En los experimentos llamados de "lunar ranging", un telescopio grande envía un haz de luz láser a la luna, donde de mide el tiempo en llegar a la luna. Geométricamente este haz de luz se mueve a velocidades aparentemente 'superluminares', si no consideramos el tiempo de aproximadamente un segundo que tardan los fotones para llegar al reflector colocado en la luna y el tiempo de regreso.

2.7.1. Efecto tunel

Recientemente ha sido investigado señales transportadas por modos evanescentes cuales pueden viajar más rápido que la luz. Para comparar, pulsos de microondas han pasado a través del vacío y a través del medio evanescente y el resultado es que la señal en el túnel ha recorrido su camino más rápido que la señal en el vacío. Más sorprendente aún es que el tiempo de recorrido de la señal en el túnel parece no depender de la longitud de éste.

Este efecto, conocido como "efecto tunel", en guías de microondas [3] ha causado un debate (Nimtz, 2011) sobre las señales "superluminales". Sin embargo, el tunel, desde el marco de referencia de los fotones casi

---

[3]Una guía de onda es cualquier estructura física que guía ondas electromagnéticas. La primera guía de onda fue propuesta por Josep John Thomson en 1893 y experimentalmente verificada por O.J. Lodge en 1984.

desaparece debido a la contracción de Lorentz, es decir:

$$L \to L\sqrt{1 - v^2/c^2} \simeq 0,$$

para más detalles, véase Mielke & Marquina (2013).

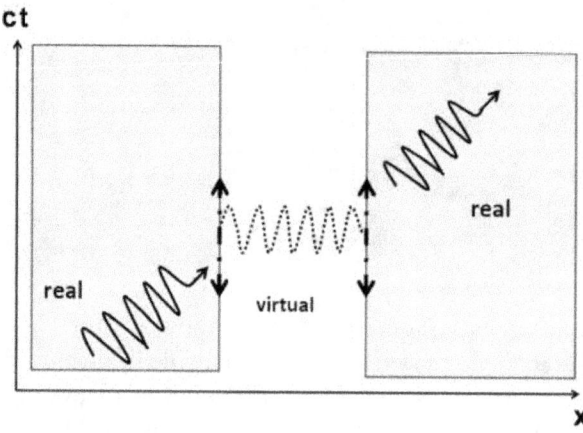

Figura 2.12: Diagrama de Minkowski para los fotones en una guía de microondas.

2.7.2. Tarea:

1. Use un horno de microondas para determinar la velocidad $c = \lambda f$ de la luz: Quite el plato giratorio y ponga en su lugar un cartón con dulces esponjosos (por ejemplo: malvaviscos pequeños). Hornee durante algunos segundos: Después se pueden ver leves depresiones en la capa de los dulces, las cuales permiten medir la longitud λ (o $\lambda/2$ de las ondas estacionarias). Como la frequencia f del horno es fija en el rango de GHz, se obtiene la velocidad de las microondas en el aire (la cual es casi igual a la del vacío) simplemente por multiplicación. (Para más detalles, véase Vollmer 2005.)

Capítulo 3

Dilatación del tiempo

3.1.   Reloj idealizado de Einstein

Como un ejemplo de los famosos "experimentos de pensamiento" de Einstein que explican lo esencial de la relatividad especial está el "reloj de luz", el cual fue mencionado explícitamente por vez primera por Lewis y Tolman (1909). Actualmente, este reloj puede realizarse con un láser, un espejo y un detector de fotones. Su "período propio" es: $\Delta\tau = 2L/c$.

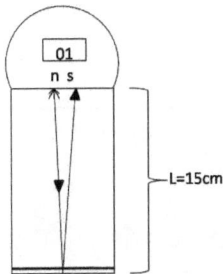

Figura 3.1: "Reloj de Einstein" realizado con un láser resonador.

Por ejemplo, para un "reloj de mesa" de longitud $L = 15\text{cm}$ tenemos que $\Delta\tau = 2L/c = 10^{-9}\text{s} = 1\,\text{ns}$ para un tic. En comparación, la precisión de un reloj atómico es alrededor de $\Delta\tau/\tau = 6 \times 10^{-6}\text{s}/3 \times 10^{7}\text{s} = 2 \times 10^{-13}$.

Comparación de relojes de luz en diferentes marcos inerciales:

I: Inicialmente dos relojes en reposo A,B están sincronizados (ambos 10 ns).

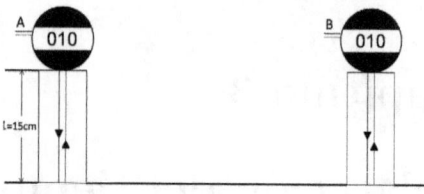

I': El reloj C tiene la velocidad relativa v respecto al marco I.

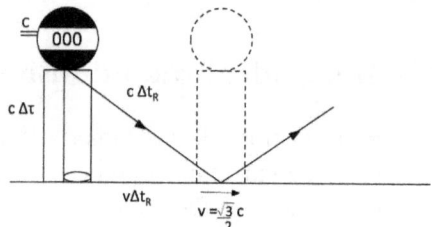

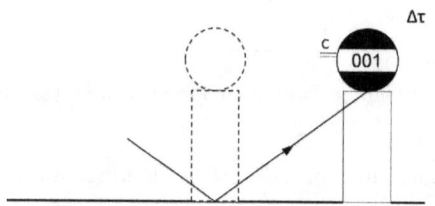

El teorema de Pitágoras[1] para las distancias en el triángulo recorrido por la luz, nos dice que:

$$(c\Delta\tau)^2 + (v\Delta t_R)^2 = (c\Delta t_R)^2,$$

despejando, resulta la **dilatación del tiempo**:

$$\Delta\tau = \Delta t_R \sqrt{1 - (v/c)^2} \;\Rightarrow\; \Delta t_R = \frac{\Delta\tau}{\sqrt{1 - (v/c)^2}} \geq \Delta\tau.$$

Historicamente, esta fórmula aparece por primera vez en un trabajo de Joseph Larmor de 1897, veáse Kittel (1974), donde también por primera vez aparece el factor de Lorentz:

$$\gamma = 1/\sqrt{1 - (v/c)^2} \approx 1 + \frac{1}{2}(v/c)^2 \quad \text{para } v \ll c.$$

La dilatación del tiempo es un efecto real de física, pues muchos relojes se construyen a nivel microscópico con interacciones electromagnéticas, i.e. con fotones "virtuales".

Ejemplos:

a) El reloj C tiene una velocidad relativa $v = \sqrt{3}c/2$ durante $\Delta t_R = 2$ns. Por tanto, su período propio es

$$\Delta\tau = 2 \text{ ns} \sqrt{1 - \frac{3}{4}} = 1 \text{ ns}$$

b) Un pión se desintegra en un intervalo de tiempo de 26.0 ns; este intervalo temporal corresponde a su tiempo propio. Si el pión está en movimiento con velocidad $v = 0.913$ c. Calcule el valor del tiempo del decaimiento en reposo.

Solución:

$$\Delta t_R = \frac{\Delta\tau}{\sqrt{1 - (v/c)^2}} = \frac{26.0 \text{ ns}}{\sqrt{1 - (0.913)^2}} = 63.7 \text{ ns}$$

---

[1] Este teorema ya había sido aplicado anteriormente por algún "ranchero" de Babilonia para recuperar su terreno después de la inundación causada por un río. Por otro lado, Pitágoras de Samos fundó una escuela para difundir estos antiguos conocimientos geométricos. Los números enteros tales que $m^2 + b^2 = k^2$ fueron encontrados por Fibonacci.

3.2. Dilatación del tiempo de muones

El muon (μ) es una partícula elemental como el electrón, sin estructura interna y pertenece a la familia de los leptones. Su masa es más de 200 veces la masa del electrón, siendo más precisos: $m_\mu = 206 m_e$ y es inestable, por lo que decae rápidamente. Su decaimiento suele generar un electrón, un neutrino y un antineutrino:

$$\mu \rightarrow e^- + \nu_\mu + \bar{\nu}_e.$$

Por la ley de radioactividad

$$N = N_0 \, e^{-\lambda t} = N_0 \left(\frac{1}{2}\right)^{t/\tau},$$

podemos usar su constante de decaimiento $\tau = 1.52 \mu s$ como tiempo propio.

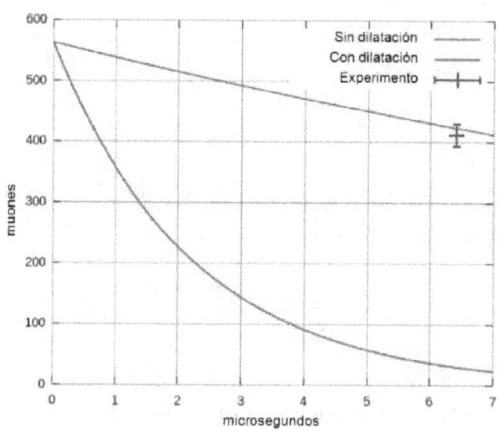

Figura 3.2: Número de muones con y sin dilatación del tiempo en μs.

En un experimento realizado en el CERN los muones tuvieron una velocidad circular de $v = 0.99942c$, es decir, casi la de la luz. Si comparamos las leyes de radiactividad en el movimiento circular con el de reposo, resulta

$$\tau_R = \frac{\tau}{\sqrt{1 - v^2/c^2}} = 29.4 \times \tau = 44.6 \, \mu s$$

48

donde τ_R es el tiempo en reposo.

Los experimentos confirman la Relatividad Especial al 0.1 % si ignoramos la aceleración centrípeta.

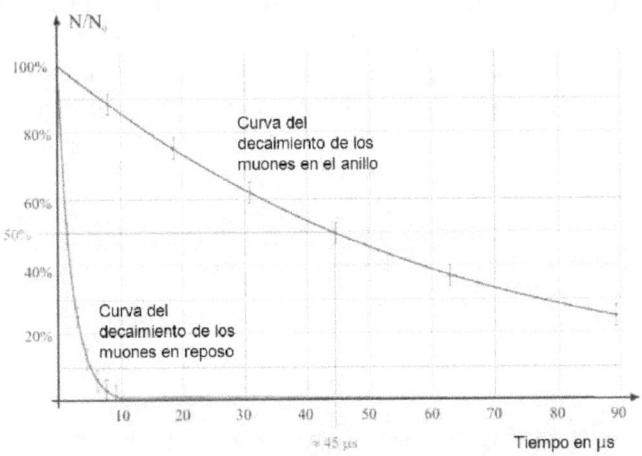

3.3. Dilatación gravitatoria del tiempo

Por la relatividad especial sabemos que cuando un reloj se mueve rápidamente respecto a un observador, a éste le parece que el intervalo entre cada "tic" es distinto (más largo) al medido cuando el reloj estaba en reposo en un marco inercial. Esta es la dilatación temporal cinemática.

$$dt = \frac{d\tau}{\sqrt{1 - v^2/c^2}} = \gamma d\tau \geqslant d\tau.$$

Haciendo una expansión binomial y considerando sólo pequeñas velocidades, tenemos:

$$dt \simeq \left(1 + \frac{v^2}{2c^2}\right) d\tau.$$

Es de esperar que ocurra algo parecido cuando el reloj se mueva a velocidad variable. Por otro lado, según el principio de equivalencia, los efectos producidos por la gravitación son los mismos que los producidos por una aceleración. Por tanto, la simple presencia de grandes masas gravitacionales en las proximidades de un reloj hará también que éste marche más despacio, aunque el observador no se mueva respecto a él. Ésta es la dilatación temporal gravitatoria. Einstein sugirió un experimento imaginario con el que puede calcularse, para un campo gravitatorio débil como el de la Tierra, el valor de esta dilatación.

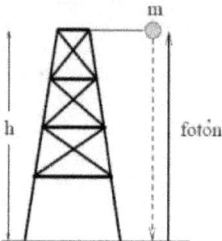

Figura 3.3: Experimento que muestra la dilatación temporal gravitatoria.

Se deja caer una masa m desde lo alto de una torre de altura h sobre la superficie de la Tierra. Al llegar al suelo su velocidad será $v = \sqrt{2gh}$ y por tanto su energía inicial, $E_0 = mc^2$, habrá aumentado en una cantidad igual a la energía cinética adquirida, de modo que en el suelo vale $E \simeq E_0 + \frac{1}{2}mv^2 = mc^2 + mgh$ (una expresión aproximada, no relativista). Supongamos que toda esa energía se convierte en un fotón de energía $E = hf$ que es emitido hacia arriba. Por conservación de la energía, la energía del fotón cuando alcanza la cima de la torre deberá ser $E_0 = hf_0$, es decir, su frecuencia f habrá disminuido: un fotón que escapa de un campo gravitatorio se desplaza al rojo. Por lo tanto,

$$\frac{E_0}{E} = \frac{hf_0}{hf} = \frac{mc^2}{mc^2 + mgh} = \frac{1}{1 + gh/c^2} \approx 1 - \frac{gh}{c^2}$$

ó bien

$$\frac{\Delta f}{f_0} = \frac{f - f_0}{f_0} = \frac{gh}{c^2}.$$

Este experimento es idealizado, pero una versión práctica del mismo pudo llevarse a cabo por Pound y Rebka en 1960: la emisión de una transición atómica se debe desplazar al rojo una fracción de 2.46×10^{-15} tras ascender los 22.6 m de escaleras dentro de la torre del Jefferson Physical Laboratory en Harvard. Esta pequeñísima diferencia se pudo apreciar gracias al efecto Mössbauer para rayos gamma y la predicción fue verificada con una aproximación del 1 %. Este cambio en las frecuencias debe ser el mismo que experimentan los tics de un reloj. Recordemos que el tiempo entre dos tics (período) es el inverso de la frecuencia. Por tanto, deducimos que el tiempo transcurre más lentamente cuanto más intenso es el campo gravitatorio. Así, si dt es el intervalo de tiempo entre dos sucesos medidos a una altura h sobre la superficie de la Tierra y τ es el medido a nivel del suelo tenemos que:

$$dt \cong \left(1 + \frac{gh}{c^2}\right) d\tau.$$

En relatividad la misma aproximación se puede deducir de la solución de Schwarzschild, a partir de las ecuaciones de Einstein para el campo gravitatorio del planeta tierra.

3.3.1. Experimento de Hafele y Keating

En el experimento de Hafele y Keating (1972), se midieron los comportamientos de relojes a bordo de aviones comerciales, se combinan la dilatación temporal cinemática y la gravitatoria (Fig. 3.4). La primera es debida al movimiento relativo entre los relojes en vuelo y el reloj de referencia en Washington, que a su vez se mueve respecto al centro de la Tierra (sistema localmente inercial por ser un sistema en caída libre hacia el Sol). Su efecto es el retraso de los relojes que vuelan hacia el este y el adelanto de los que vuelan hacia el oeste. La segunda se debe a que la intensidad del campo gravitatorio para los relojes abordo es menor que para el que se queda en tierra, lo que se traduce en un adelanto adicional, que ya estamos en situación de deducir explícitamente. El resultado confirma las predicciones con una precisión del 10 %.

En 1976 el Smithsonian Astrophysical Observatory lanzó el cohete Scout hasta una altura de 10000 km. A esa altura un reloj debe avanzar 4.25 partes entre 1000 más rápido que a nivel del suelo. Durante dos horas de caída libre, el cohete estuvo transmitiendo pulsos de un oscilador maser que actuaba como reloj, los cuales se comparaban con los

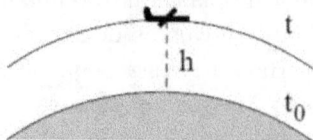

Figura 3.4: Dilatación temporal gravitatoria en el experimento de Hafele y Keating.

pulsos de otro reloj similar situado en tierra. El resultado confirmó la dilatación temporal gravitatoria al 0.02 % (Vessot et al, 1980), su mejor determinacion hasta la fecha.

3.4. La aparente paradoja de los gemelos

La versión ficticia de esta historia comienza en un día de año nuevo cuando un astronauta (A), viaja de la Tierra a la estación espacial más "cercana", a unos 3 años luz de ésta. El astronauta A viaja a una velocidad constante de $0.6c$ y una vez que ha llegado a la estación espacial, da vuelta y regresa con la misma velocidad, cuando regresa es nuevamente año nuevo y han pasado exactamente 10 años en la Tierra. Dicho astronauta tiene un hermano gemelo quien permanece en la Tierra todo ese tiempo.

El astronauta A regresa 8 años más viejo, mientras que el gemelo que se se quedó es 10 años más viejo, debido a la dilatación del tiempo:

$$10\sqrt{1 - v^2/c^2} = 10\sqrt{0.64} = 8.$$

Figura 3.5: Gemelos antes y después del viaje.

La paradoja es la siguiente: "Desde el punto de vista del astronauta A, los relojes de la Tierra van más lento, así que A debería ser más viejo al regresar a la Tierra que su hermano no más joven. Ésta es una contradicción lógica por tanto la relatividad es inconsistente."

Los observadores en el sistema de referencia de la nave durante la partida están de acuerdo en que los relojes de la Tierra van más lento comparados con ellos, 3.2 años comparados con 4. En este marco de partida, de acuerdo con *relatividad de la simultaneidad*, el evento que es simultáneo con el evento P (el "giro" de A) es el evento X.

Cuando llegan a la estación espacial, se "montan" en otro marco de referencia, ahora de regreso, que viaja también a 0.6 c y nuevamente están de acuerdo en que los relojes de la Tierra van más lento, 3.2 años comparados con 4. En este marco de regreso, el evento que es simultáneo con P, de acuerdo con la relatividad de la simultaneidad, es el evento Y, 3.2 años antes de regresar.

Pero el análisis hecho con sólo estos dos marcos de referencia falla al no contar 3.6 años entre el evento X y el Y, es por esto que A debería ser más viejo que su gemelo según la paradoja. Sin embargo, ésta no es una paradoja, es solamente un descuido de cuentas. Con conocimiento de la *relatividad de la simultaneidad*, el astronauta A hubiera podido darse cuenta fácilmente de que la brecha entre las dos líneas que corresponden al cambio (la vuelta) es de 3.6 años. Alternativamente A podría consultar diferentes observadores en una secuencia infinita de marcos de referencia correspondientes a las diferentes velocidades por las que pasa la nave durante el giro y sumar los diferentes incrementos de tiempo en el reloj de la tierra y contaría así los 3.6 años faltantes.

Algunas veces se afirma que la resolución de esta paradoja involucra relatividad general ya que el gemelo viajero desacelera en P y la aceleración es equivalente a la gravitación. Sin embargo, la aceleración no juega otro papel que el de proveer asimetría (como lo explicó von Laue en 1913), mediante la cual el viajero ocupa más de un marco inercial, mientras que el gemelo en la Tierra sólo ocupa uno. La relatividad de la simultaneidad es la clave, no la gravedad.

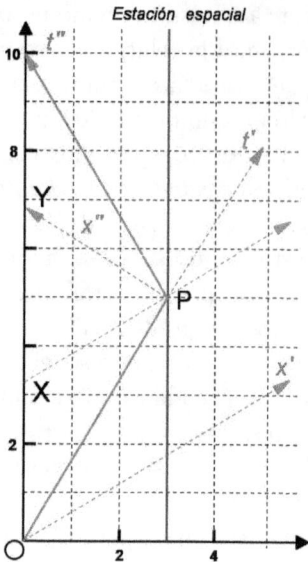

Figura 3.6: "Paradoja" de los gemelos desde el punto de vista del gemelo viajero. En el diagrama de Minkowski se indican los ejes $(t', \bar{x}')$ y $(t'', \bar{x}'')$ de los marcos inerciales del astronauta con la norma de la velocidad $|\vec{v}| = 0.6c$ relativo a la Tierra.

3.5. Dilatación del tiempo medido por relojes ópticos

Observadores en movimiento relativo o a diferentes potenciales gravitacionales miden distintas velocidades en sus relojes. Estas predicciones de la relatividad se habían observado anteriormente con relojes atómicos moviéndose a velocidades relativas muy altas, separadamente, con relojes a grandes diferencias de altura. Después, pequeños cambios en la velocidad de los relojes ($\delta f / f < 10^{-6}$) podían observarse en cortas distancias sólo en el espectroscopio Mössbauer de rayos-γ con interferometría atómica.

No obstante, ahora es posible observar la dilatación del tiempo desde velocidades relativas menores a 10 m/s (valor aproximado al récord mundial en carreras para hombres como Bolt) y desde diferencias en la altura de 0.33m.

Recientemente, se comparó la frecuencia de dos relojes ópticos atómicos iguales en una "trampa electromagnética ", para iones de Al^+, con incertidumbres sistemáticas en la frecuencia de $\delta f/f \approx 10^{-17}$. Cuando se hizo la comparación por $75\,m$ de longitud de fibra óptica, uno de los átomos se sometió a un movimiento armónico a una velocidad aproximada de $10\,m/s$, mientras los átomos ionizados permanecían en reposo; la precisión y sensibilidad de estos relojes de Al^+, las variaciones en la frecuencia por debajo de 10^{-16} debidas a la dilatación del tiempo.

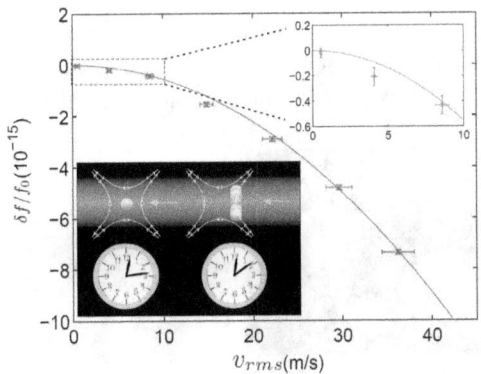

Figura 3.7: La dilatación del tiempo relativista a velocidades familiares ($10\,m/s =$ $36km/h$). El ion Al^+ en uno de los relojes gemelos es desplazado del centro del confinamiento proporcionado por un campo RF y sometido a un campo eléctrico (líneas de campo blancas); sometiéndose así a un movimiento armónico y a la dilatación del tiempo. El reloj del ion Al^+ en movimiento avanza a una velocidad menor que la velocidad del que está en reposo. La diferencia fraccionaria en la frecuencia entre el reloj en movimiento y el reloj estacionario se grafica contra la velocidad ($v_{\mathrm{rms}} = \sqrt{\langle v^2 \rangle}$) del reloj en movimiento. La curva continua representa la predicción teórica.

Como una analogía a la "paradoja de los gemelos", el movimiento del ion de Al^+ es el gemelo viajero y su movimiento armónico alcanza varios viajes redondos. La dilatación del tiempo en este movimiento provoca un cambio en la frecuencia del reloj de:

$$\frac{\delta f}{f_0} = \frac{1}{\langle \gamma(1 - \nu_\parallel/c) \rangle} - 1,$$

donde f_0 es la frecuencia de resonancia propia del ion, $\nu_\parallel$ es la componente paralela de la velocidad del ion y γ es el factor de Lorentz.

Otra consecuencia de la teoría de Einstein es que los relojes avanzan más lentamente cerca de objetos muy masivos. Las diferencias en el potencial gravitatorio de la Tierra pueden ser detectadas comparando la velocidad instantánea de ambos relojes. Para pequeños cambios de longitud sobre la superficie de la Tierra, un reloj que está más alto por una distancia Δh avanza más rápido por:

$$\frac{\delta f}{f_0} = \frac{g\Delta h}{c^2},$$

donde $g \approx 9.80 m/s^2$ es la aceleración local debido a la gravitación terrestre. El cambio gravitacional corresponde a un cambio en el reloj de $1.1 \times 10^{-16}\,s$ por cada metro de cambio en la altura.

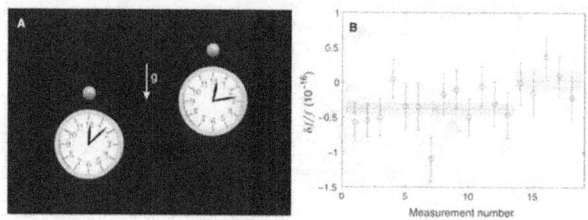

Figura 3.8: Dilatación del tiempo gravitacional a escala de la vida cotidiana.

En la figura 3.8,($\mathbf{A}$) muestra cuando uno de los relojes es elevado y su velocidad aumenta cuando se compara con la velocidad del otro reloj y ($\mathbf{B}$) representa la diferencia fraccional en la frecuencia entre los dos relojes ópticos de Al^+ a diferentes alturas. El cambio relativo neto debido al incremento en la altura se mide y es de $(4.1 \pm 1.6) \times 10^{-17}$.

3.6. El sistema de navegación GPS

¿Para qué sirve la relatividad? Es muy común pensar que la relatividad es una teoría matemática muy misteriosa que no tiene consecuencias para la vida cotidiana. Esta opinión, en efecto, está lejos de la verdad. El GPS (Global Position System) fue desarrollado por el Departamento de Defensa para proporcionar una navegación por satélite del sistema militar de los EE.UU. Más tarde fue puesto para establecer el control militar y civil del uso de la navegación.

La actual configuración del GPS consiste en una red de 24 a 32 satélites en órbitas altas alrededor de la Tierra. Cada satélite de la constelación GPS orbita a una altitud de unos 20.000 km de la tierra y tiene una velocidad orbital de unos 14.000 km/hora (el período orbital es de aproximadamente 12 horas contrariamente a la creencia popular, los satélites GPS no están en órbitas geosíncronicas[2] u órbitas geoestacionarias[3]). Las órbitas de los satélites se distribuyen de modo que al menos 4 satélites son siempre visibles desde cualquier punto de la Tierra en un momento determinado (con un máximo de 12 visibles al mismo tiempo). Cada satélite lleva consigo un reloj atómico, con una precisión de 1 nanosegundo (1 millonésima de segundo). Un receptor GPS en un avión determina su posición actual y la comparación de la partida por momento de las señales que recibe de varios de los satélites GPS (generalmente de 6 a 12) y sobre la triangulación de las posiciones conocidas de cada satélite. La precisión es fenomenal: incluso un simple receptor de mano GPS pude determinar su posición absoluta en la superficie de la Tierra dentro de 5 a 10 metros en sólo unos segundos (con la diferencia de comparar dos técnicas). Un receptor GPS en un coche puede dar lecturas precisas de posición, velocidad, y la partida en tiempo real!

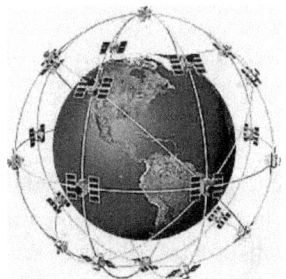

Figura 3.9: La configuración del GPS en el planeta Tierra consiste en una red de 24 a 32 satélites sincronizados que se encuentran en órbitas alrededor de la Tierra.

---

[2]Una órbita geosíncrona es una órbita geocéntrica que tiene el mismo periodo orbital que el periodo de rotación sideral de la Tierra. Tiene un semieje mayor de 42.164 km en el plano ecuatorial.

[3]Una órbita geoestacionaria o GEO es una órbita geosíncrona directamente encima del ecuador terrestre, con una excentricidad nula. Desde tierra, un objeto geoestacionario parece inmóvil en el cielo y, por tanto, es la órbita de mayor interés para los operadores de satélites artificiales.

3.6.1. Tareas:

1. Graficar el factor de Lorentz γ en función de la velocidad relativa $\beta = v/c$.

2. Un piloto de carreras está al final de una carrera la cual tomó una hora. Si el piloto manejó a 280 km/h, ¿Por cúanto tiempo es más jóven el piloto en comparación con los espectadores en las gradas?

3. Reproducir las predicciones del experimento de Hafele y Keating (resumidas en la siguiente tabla), sabiendo que los aviones en ruta hacia el este volaron durante 41.2 h a una altura media de 8900 m mientras que los que iban en ruta hacia el oeste volaron durante 48.6 h a una altura media de 9400 m. Suponer para simplificar que los vuelos eran ecuatoriales con velocidades medias respecto al suelo de 713 km/h hacia el este y 440 km/h hacia el oeste.

Diferencia de tiempos	Hacia el este	Hacia el oeste
Dilatación cinemática	-184 ± 18 ns	96 ± 10 ns
Dilatación gravitatoria	144 ± 14 ns	179 ± 18 ns
Efecto observado	-40 ± 23 ns	273 ± 7 ns
Efecto total	-59 ± 10 ns	275 ± 21 ns

(Un cálculo más preciso exige conocer los mapas de las rutas y las velocidades de los aviones en diferentes tramos en los que se subdividieron los vuelos.)

4. Los muones producidos por choques inelásticos de rayos cósmicos con los átomos de la atmósfera tienen una vida media de 2.3μs. Para recorrer una distancia de $v\tau_R = 4.8$ km en la atmósfera, la velocidad debe ser casi la de la luz, si $\tau_R = 16\mu$s. Calcule la velocidad de los muones.

Capítulo 4

La forma relativista de la mecánica

En este capítulo desarrollaremos los conceptos relativistas en forma intuitiva, es decir, sin emplear el formalismo de vectores cuadridimensionales, como se empleara parcialmente en los capítulos posteriores.

4.1. El momento y la fuerza relativista

Más tarde vamos a demostrar que la ecuación relativista para una cantidad de movimiento lineal es:

$$\vec{p} = \frac{m\vec{v}}{\sqrt{1 - (v/c)^2}} = \gamma m\vec{v};$$

donde $\vec{v}$ es la velocidad de la partícula, m es su masa invariante y $\gamma = 1/\sqrt{1 - \vec{v} \cdot \vec{v}/c^2}$, el factor de Lorentz. El valor absoluto de $\vec{v}$ lo denotamos como: $v \equiv \sqrt{\vec{v} \cdot \vec{v}} = |\vec{v}|$.

Las condiciones físicas son: La cantidad de movimiento lineal de un sistema aislado conserva en todas las colisiones. El valor relativista calculado para la cantidad de movimiento lineal $\vec{p}$ de una partícula aproxima el valor $m\vec{v}$ no-relativista, es decir cuando $|\vec{v}| \ll c$.

La fuerza relativista $\vec{F}$ que actúa sobre una partícula de masa constante m se define como:

$$\vec{\mathbf{F}} \equiv \frac{d\vec{\mathbf{p}}}{dt} = \frac{d}{dt}\left(\frac{m\vec{\mathbf{v}}}{\sqrt{1 - \vec{\mathbf{v}}\cdot\vec{\mathbf{v}}/c^2}}\right)$$

$$= m\left[\frac{\dot{\vec{\mathbf{v}}}}{\sqrt{1 - \vec{\mathbf{v}}\cdot\vec{\mathbf{v}}/c^2}} - \frac{1}{2}\frac{\vec{\mathbf{v}}(-2\vec{\mathbf{v}}\cdot\dot{\vec{\mathbf{v}}}/c^2)}{(1 - \vec{\mathbf{v}}\cdot\vec{\mathbf{v}}/c^2)^{3/2}}\right]$$

donde el punto denota la derivada temporal, i.e. $\cdot \equiv \partial/\partial t$. Equivalentemente por la regla de Leibniz tenemos

$$\vec{\mathbf{F}} \equiv m\left[\gamma\frac{d\vec{\mathbf{v}}}{dt} + \vec{\mathbf{v}}\frac{d\gamma}{dt}\right].$$

Para un movimiento rectilíneo uniforme acelerado, i.e. donde $\vec{\mathbf{v}}\cdot\vec{\mathbf{a}} = \mid \vec{\mathbf{v}} \parallel \vec{\mathbf{a}} \mid$, el valor absoluto de la fuerza en esta fórmula se reduce a:

$$F \equiv \left|\vec{\mathbf{F}}\right| = \frac{m\left|\vec{\mathbf{a}}\right|}{(1 - \vec{\mathbf{v}}\cdot\vec{\mathbf{v}}/c^2)^{3/2}} \simeq m\left|\vec{\mathbf{a}}\right|.$$

Bajo la acción de una fuerza $\vec{\mathbf{F}}$ constante, la aceleración $\vec{\mathbf{a}} \equiv d\vec{\mathbf{v}}/dt$ de una partícula masiva disminuye, en cuyo caso, $\mid \vec{\mathbf{a}} \mid\propto \left(1 - \vec{\mathbf{v}}\cdot\vec{\mathbf{v}}/c^2\right)^{3/2}$. De esta proporcionalidad, vemos que cuando la velocidad de la partícula se aproxima a la velocidad c de la luz, la aceleración causada por cualquier fuerza finita se aproxima a cero. En consecuencia, sería imposible acelerar una partícula masiva desde el reposo hasta una velocidad $v \geq c$, la cual excede a la velocidad de la luz.

4.2. Energía relativista

El trabajo realizado por la fuerza $\vec{\mathbf{F}}$ sobre una partícula es igual al cambio en la energía cinética:

$$K = \int_{x_1}^{x_2} Fdx = \int_{x_1}^{x_2} \frac{dp}{dt}dx$$

Al sustituir en ésta expresión dp/dt y $dx = vdt$ tendremos

60

$$K := \int_0^t \frac{m(dv/dt)v\,dt}{\left(1 - \vec{\mathbf{v}} \cdot \vec{\mathbf{v}}/c^2\right)^{3/2}} \;=\; m \int_0^v \frac{v\,dv}{\left(1 - \vec{\mathbf{v}} \cdot \vec{\mathbf{v}}/c^2\right)^{3/2}}$$

$$= \frac{mc^2}{\sqrt{1 - \vec{\mathbf{v}} \cdot \vec{\mathbf{v}}/c^2}} - mc^2.$$

Supongamos que la partícula es acelerada desde el reposo a alguna velocidad final $v < c$, entonces la energía cinética[1] relativista es

$$K = \frac{mc^2}{\sqrt{1 - \vec{\mathbf{v}} \cdot \vec{\mathbf{v}}/c^2}} - mc^2 = \gamma mc^2 - mc^2 = (\gamma - 1)\, mc^2.$$

Al usar la expansión binomial[2] vamos a demostrar que a magnitudes bajas de velocidad, donde $v/c \ll 1$, la ecuación se reduce a la expresión clásica $K_N = \dfrac{1}{2}mv^2$ de Newton.

En nuestro caso, $\beta = v/c$, por lo cual el factor de Lorentz tiene un desarrollo (para $v/c \ll 1$):

$$\gamma = \frac{1}{\sqrt{1 - \frac{\vec{\mathbf{v}} \cdot \vec{\mathbf{v}}}{c^2}}} = \left(1 - \frac{\vec{\mathbf{v}} \cdot \vec{\mathbf{v}}}{c^2}\right)^{-1/2} \approx 1 + \frac{1}{2}\frac{\vec{\mathbf{v}} \cdot \vec{\mathbf{v}}}{c^2}.$$

Al sustituir esto en la ecuación tenemos:

$$K \approx \left[\left(1 + \frac{1}{2}\frac{\vec{\mathbf{v}} \cdot \vec{\mathbf{v}}}{c^2}\right) - 1\right] mc^2 \simeq \frac{1}{2}mv^2$$

que es la expansión clásica para la energía cinética. En la figura (4.1) se presenta una gráfica que compara las expresiones relativista y no relativista. En el caso relativista, la rapidez de la partícula nunca excede de c, cualquira que sea la energía cinética. Las dos curvas están en concordancia si $v \ll c$.

---

[1]La energía cinética puede expresarse como $K = c\left[\sqrt{p_0 p^0} - \sqrt{p_\mu p^\mu}\right]$, la cual no es un invariante a la transfromación de Lorentz, solamente lo es $mc = \sqrt{p_\mu p^\mu}$.

[2]Expansión binomial $(1 - \beta^2)^{-1/2} \approx 1 + \dfrac{1}{2}\beta^2 + \cdots$ se aplica para $\beta \ll 1$, donde las potencias de orden superior de β se desprecian en la expansión. (En tratamientos de la relatividad, β es una variable adimensional empleada para representar el cociente v/c).

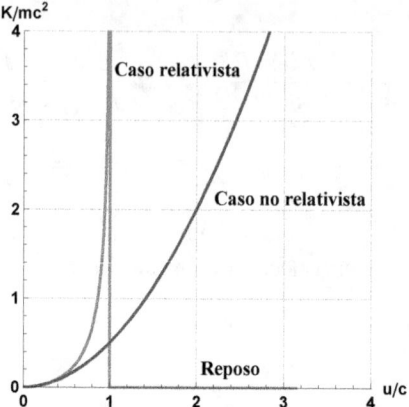

Figura 4.1: Energía cinética normalizada de una partícula. En el caso relativista, v es siempre menor a c, es decir $\beta = v/c \leq 1$.

Como la energía total=energía cinética + energía en reposo, entonces definimos la energía[3] E, como:

$$E \equiv K + mc^2 = \gamma mc^2 = \frac{mc^2}{\sqrt{1 - \frac{\vec{v} \cdot \vec{v}}{c^2}}}$$

Al elevar al cuadrado, el resultado es :

$$E^2 = \vec{p} \cdot \vec{p}c^2 + (mc^2)^2.$$

La fórmula corresponde al teorema Pitágoras en el" triángulo relativista"

En la electrodinámica cuántica (QED, por sus siglas en ingles) este triángulo se encuentra en una aproximación de la ecuación relativista de Dirac $i\gamma^\mu \partial_\mu \psi = (mc/\hbar)\psi$.

Despues de la transformación unitaria de Foldy-Wouthuysen y de parametrizar $m\,|\vec{p}| = \tan 2\,|\vec{p}|\,\theta$, el Hamiltoniano de la ecuacion de Dirac se reduce a,

---

[3]Para los taqiones (partícula hipotéticas) con velocidades superluminales, la masa $\mu \equiv im$ es imaginario y la energía $E = \mu c^2 / \sqrt{\beta^2 - 1}$ tiende a cero cuando la velocidad tiende a infinito, es decir $\beta \to \infty$.

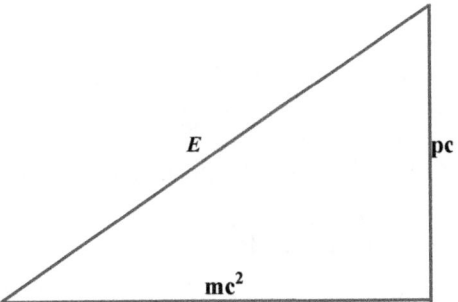

Figura 4.2: El "triángulo relativista", como mnemotecnia para la famosa fórmula de Einstein.

$$H' = \gamma^0 E$$

donde γ^0 es la matriz temporal de la álgebra de Clifford.

Cuando la partícula está en reposo, $\overrightarrow{\mathbf{p}} = 0$, es entonces

$$E_0 = mc^2.$$

La cual se denomina energía en reposo que demuestra que la masa es una forma de energía[4] ("Equivalencia entre masa y energía"). El parámetro m se denomina masa invariante, por que no cambia ante la tranformación de Lorentz.

Para partículas que tienen masa cero, por ejemplo fotones, hacemos $m = 0$ y encontramos que:

$$E = |\vec{\mathbf{p}}|\, c$$

4.2.1. Ejemplos

Energía de un electrón en reposo

La masa de un electrón es $m_e = 9.11 \times 10^{-31}$kg. Por lo tanto, la energía en reposo del electrón es:

---

[4]La fórmula popular "$E = mc^2$" es falsa y nunca fue usada por Einstein, véase Okun, Physics Today 1989, para una explicación de los conceptos más elaborados de la masa.

$$E_0 = m_e c^2 = (9.11 \times 10^{-31} \text{kg})(3.00 \times 10^{18} \text{m/s})^2 = 8.20 \times 10^{-14} \text{J}$$
$$= (8.20 \times 10^{-14} \text{J})(1\text{eV}/1.60 \times 10^{-19} \text{J}) = 0.511 \text{MeV}$$

donde $1\text{eV} = 1.60 \times 10^{-19} \text{J}$ es el factor de conversión.

Energía de un electrón rápido

Un electrón en un tubo de imágenes de televisión ó un microscopio electrónico se mueve con una velociadad $v = 0.250c$. Encuentre su energía total y energía cinética en eV.

Solución: Usando el dato de que la energía en reposo del electrón es $E_0 = 0.511 \text{MeV}$ junto con la ecuación, tenemos

$$E = \frac{m_e c^2}{\sqrt{1 - \dfrac{v^2}{c^2}}} = \frac{0.511 \text{MeV}}{\sqrt{1 - \dfrac{(0.250c)^2}{c^2}}} = 1.03(0.511 \text{MeV}) = 0.528 \text{MeV}$$

Esto es el $3\,\%$ más que la energía de reposo.

4.2.2. Tareas:

1. (a) Encuentre la energía en reposo de un protón en electrón-volts (eV). (b) Si la energía total del protón es tres veces su energía en reposo ¿cuál es la velociada del protón? (c) Determine la energía cinética del protón en electrón volts. (d) ¿Cuál es la cantidad de movimiento del protón?

2. Calcule la cantidad de movimiento de un electrón que se mueve con una velocidad de (a) 0.010c, (b) 0.500c y (c) 0.900c.

3. La expresión no relativista para la cantidad de movimiento de una partícula, $\vec{p} \cong m\vec{v}$, está de acuerdo con los experimentos si $v \ll c$. ¿Con qué rapidez el uso de esta ecuación presenta un error en la cantidad de movimiento de (a) $1.0\,\%$ y (b) $10\,\%$?

4. Una pelota de golf se desplaza con una velocidad de 90.0 m/s ¿En qué fracción difiere su magnitud de cantidad de movimiento p

relativista con respecto a su valor clásico mv? Esto es, encuentre la razón $(p - mv)/mv$.

5. Demuestre que el valor absoluto de la velocidad de un objeto que tenga cantidad de movimiento de magnitud p y masa m es $v = c/\sqrt{1 + (mc/p)^2}$.

6. Usando $\vec{\mathbf{F}} \equiv m\left[\gamma\frac{d\vec{\mathbf{v}}}{dt} + \vec{\mathbf{v}}\frac{d\gamma}{dt}\right]$, muestre que la fuerza tridimencional no es siempre proporcional a la aceleración, es decir $\vec{\mathbf{F}} = m\gamma\left[\vec{\mathbf{a}} + \gamma^2\frac{\vec{\mathbf{v}} \cdot \vec{\mathbf{a}}}{c^2}\vec{\mathbf{v}}\right]$, sin embargo, $\vec{\mathbf{F}} \cdot \vec{\mathbf{v}} = m\gamma^3\vec{\mathbf{a}} \cdot \vec{\mathbf{v}}$.

Capítulo 5

Los postulados de la relatividad especial

En su trabajo de 1905, titulado "Sobre la electrodinámica de los cuerpos en movimiento", Einstein ofreció dos postulados que forman la base de su teoría especial de la relatividad.

• **Principio de relatividad:**

Las leyes de la física son las mismas en todos los marcos de referencia inerciales[1].

$\bar{e} = 1.6 \times 10^{-19}\, C$

$\bar{e} = 1.6 \times 10^{-19}\, C$

Figura 5.1: La carga de un electrón es la misma en diferentes laboratorios del mundo.

Originalmente, este postulado pone de manifiesto la imposibilidad de distinguir entre marcos de referencia en reposo o en movimiento constante. Es decir, no hay manera de conocer el estado de movimiento

---

[1] Se le llama relatividad especial o restringida pues se aplica sólo a observadores no acelerados. La relatividad general, que Einstein desarrolló posteriormente, incluye también a observadores acelerados. A diferencia de la primera, que fue publicada en un sólo trabajo en Annalen der Physik en 1905, la relatividad general se fraguó durante varios años entre 1907 y 1915.

de un observador a partir de algún experimento físico que sea realizado por dicho observador dentro de su sistema de referencia (si jugamos un partido de fútbol en un barco o en un avión en movimiento uniforme, no acelerado, es igual que si lo jugáramos en la tierra, las leyes de la física no cambian). Por tanto, no podemos hablar de un sistema de referencia absoluto, pues cada objeto con movimiento uniforme puede usarse como sistema de referencia para el resto del universo sin variar en absoluto las leyes de la física. Como ejemplo de la invarianza de las leyes de la física, tenemos a la carga del electrón la cual es la misma en diferentes laboratorios en la Tierra.

Este principio no sólo se refiere a las leyes que describen objetos en movimiento (pues para ellos este principio es fácil de demostrar), sino a todas las leyes de la física, lo que le convierte en un postulado (no demostrable) que aún no ha sido rebatido experimentalmente.

Einstein puso fin con este postulado a la idea del éter luminífero, pues dicho éter pretendía ser un marco de referencia absoluto. Si existiera, las ecuaciones de Maxwell (que predicen la velocidad de la luz y que no necesitan de ninguna especificación de la velocidad del observador) deberían modificarse en función del estado de movimiento del observador respecto al éter.

• El principio de la constancia o universalidad de la velocidad de la luz:

La velocidad de la luz en el espacio libre tiene el mismo valor c en todos los marcos de referencia inerciales.

El éxito reconocido de las ecuaciones de Maxwell en la descripción de una gran variedad de fenómenos electromagnéticos y la consistencia de este principio con el comportamiento de la materia fermionica descrito por la ecuación de Dirac, sugirieron la validez de este postulado. Sin embargo, como ya hemos visto, la primera confirmación experimental directa de este postulado no llegó hasta 1964 cuando se observó que los fotones emitidos por un pión a gran velocidad no viajaban a distinta velocidad que los emitidos por una fuente en reposo. Este postulado es el responsable de que sea tan difícil conciliar la teoría de la relatividad con la visión que tenemos del mundo a través de nuestro sentido común desarrollado para velocidades pequeñas.

5.1. El espacio-tiempo: diagramas de Minkowski

El concepto unificado de espacio-tiempo, introducido por H. Minkowski en 1908, es una simplificación matemática. Antes, el espacio y el tiempo se consideraban completamente diferentes pues ambos se miden de formas muy distintas y los percibimos también de distinto modo.

Ahora bien, en relatividad especial para especificar un suceso hay que decir dónde (tres dimensiones espaciales) y cuándo (una dimensión más, el tiempo). Minkowski propuso concebir el mundo como una red espaciotemporal tetra dimensional (4D). Esta visión tiene dos ventajas:

Primero, nos lleva a una resolución gráfica muy sencilla y práctica de las transformaciones de Lorentz, haciendo uso de los diagramas espacio-tiempo o diagramas de Minkowski. Además, los diagramas espacio-tiempo nos permiten visualizar la evolución de un objeto en el espacio y el tiempo como una película completa de su línea de sucesión. Considerando para fines ilustrativos una velocidad de la luz de $c = 1$ metro por segundo, el diagrama espacio-tiempo para un rayo de luz es el siguiente:

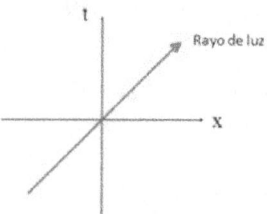

Figura 5.2: Diagrama espacio-tiempo para un rayo de luz.

Sobre el mismo diagrama, la especificación de la posición x de una partícula y del tiempo t al que se encuentra en dicha posición representan un evento o suceso en relatividad (es decir, un punto en el plano representa un evento)

El conjunto de los eventos en el plano (x, t) que representan a una partícula en varios instantes, se conoce en los estudios de la relatividad como línea del mundo (world line) o de sucesos. En la teoría especial de la relatividad, la línea de sucesos es siempre una línea recta (como la línea roja que aparece en el diagrama de la figura 5.2) si la partícula material viaja siempre con velocidad $v = dx/dt$ constante, recorriendo distancias iguales en tiempos iguales.

Usualmente en un diagrama espacio-tiempo ambos ejes tienen el mismo tipo de unidades, es decir, tanto el eje vertical como el horizontal tienen unidades de longitud pues se acostumbra multiplicar el tiempo en el eje vertical por la constante universal absoluta que es la velocidad de la luz c, ya que con ello ct se convierte en una distancia que está medida en segundos luz (Ls) es decir aprox.: 3×10^8 metros, no en segundos. De este modo, al medir tanto en el eje vertical como en el eje horizontal lo estamos haciendo en (Ls). En todos los diagramas espacio-tiempo que serán utilizados aquí, la ordenada vertical estará en dimensiones físicas de metros, osea multiplicada por c, representado en la ordenada vertical como ct.

En la Fig. 5.3, tenemos representados dos eventos distintos, uno ocurriendo en la posición x_1 a un tiempo ct_1 y el otro evento ocurriendo en la posición x_2 a otro tiempo ct_2. Poniendo números y usando una velocidad de la luz igual a $c = 1$ metro/segundo, las coordenadas respectivas de cada evento y la distancia entre ambos eventos es:

$$\Delta x = x_2 - x_1 = 2\text{metros} - 1\text{metro} = 1\text{metro}$$
$$c\Delta t = ct_2 - ct_1 = 3\text{metros} - 1\text{metro} = 2\text{metros}$$

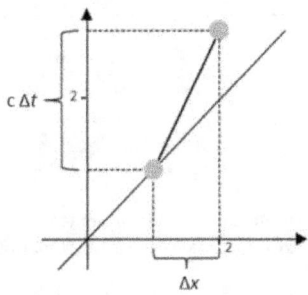

Figura 5.3: Gráfica de dos eventos distintos que están representados por los puntos grises.

69

5.1.1. Observador en reposo

En realidad nos referimos a un observador inercial $\mathcal{O}$, cualquiera no-acelerado, ya que, según el principio de relatividad no existe un observador privilegiado. Lo llamamos así para especificar el observador que se halla en reposo. Nótese que *un observador es representado por un sistema de referencia*, unos ejes de coordenadas espacio-temporales.

Localizamos *un evento* A mediante un punto cuyas coordenadas espacial, x, y temporal, ct, se pueden leer sobre los ejes de coordenadas del diagrama espacio-tiempo (Fig. 5.4). La coordenada ct indica el tiempo propio del suceso y la x es la distancia medida desde el origen que se toma como punto de referencia.

El eje x es el conjunto de sucesos simultáneos que ocurren a $ct = 0$. Una paralela cualquiera al eje x ($ct = ct_0$) indica sucesos simultáneos que ocurren en otro instante de tiempo t_0.

El eje ct es el conjunto de sucesos que ocurren en el mismo lugar, por ejemplo, $x = 0$. Cada paralela $x = x_0$ al eje ct indica sucesos que ocurren en otro lugar x_0.

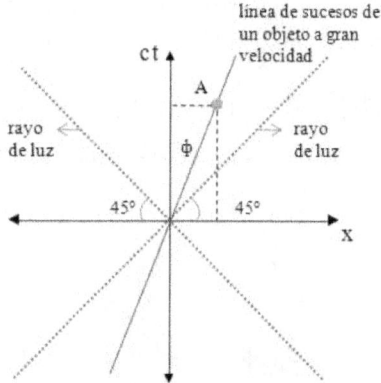

Figura 5.4: El punto A representa un evento, mientras que la línea roja representa la línea de sucesos de un objeto a gran velocidad pero menor a la de la luz.

Los *rayos de luz* (líneas de suceso de un fotón) se representan por líneas a $45°$, pues para ellos $ct = x$ o $ct = -x$ (según la luz viaje de izquierda a derecha o de derecha a izquierda, respectivamente), ya que hemos tomado coordenadas adimensionales con $c = 1$. La *línea de sucesos de un objeto* que se mueva con velocidad uniforme v es una línea recta $x = vt$ ó $ct = \frac{c}{v}x$ que forma un ángulo $\phi = \arctan(x/ct) = \arctan(v/c)$ con el eje ct. El signo es positivo o negativo según se mueva de izquierda a derecha o de derecha a izquierda, respectivamente. Veremos que el ángulo ϕ en valor absoluto es siempre $|\phi| \leq 45°$. Si la línea de suceso del objeto no es recta entonces el movimiento no es uniforme.

Entonces, para un fotón (sin masa) con $v = c$ tenemos $\phi = \pm\pi/4$.

5.1.2. Observador en movimiento relativo: Transformaciones de Lorentz

Hasta ahora hemos descrito las cosas tal y como las mediría un observador en reposo, por ejemplo, respecto a la vías de un tren. Veamos cómo dibujar el diagrama espacio-tiempo para otro observador que se mueve uniformemente en un vagón de tren a gran velocidad v, respecto a un observador en reposo. Hacemos coincidir, por simplicidad, el origen de coordenadas de ambos observadores.

El eje x' es el conjunto de sucesos simultáneos que ocurren a $ct' = 0$, lo que es lo mismo que la recta $t = vx$. Por tanto, forma un ángulo $\phi = \arctan v/c$ con el eje x.

El eje ct' es el conjunto de sucesos que ocurren en el lugar $x' = 0$, lo que es lo mismo que la recta $t = x/v$. Por tanto, forma el mismo ángulo $\phi = \arctan v/c$, esta vez, con el eje ct.

Las coordenadas espaciotemporales de un evento, por ejemplo el evento A de antes, se hallan trazando paralelas a los ejes x' y ct', que ahora trazan un rombo cuyas rectas no serán perpendiculares entre sí (Fig. 5.5).

5.2. El intervalo espacio-temporal

Al parecer todo es "relativo al observador". Sin embargo, ya hemos visto que la velocidad de la luz es la misma para cualquier observador. De ah se surge otra cantidad muy importante que también es <u>invariante</u>. Se trata del intervalo entre dos sucesos, que cualquier observador puede determinar fácilmente a partir de sus medidas de la localización en el espacio y en el tiempo. Supongamos, por simplicidad, que uno de

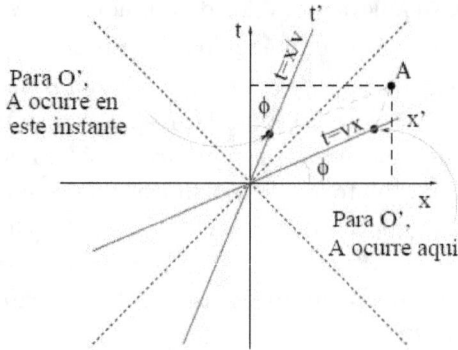

Figura 5.5: Diagrama de espacio-tiempo para el observador móvil $\mathcal{O}'$ cuyo sistema de referencia es el (ct', x'). Las coordenadas del mismo evento A visto desde dos sistemas de referencia distintos se hayan trazando paralelas a cada eje en ambos sistemas de referencia.

los dos eventos es el origen espaciotemporal $\mathcal{O}$, que lo tomamos coincidente para dos observadores inerciales $\mathcal{O}$ y $\mathcal{O}'$, y sean (x, ct) y (x', ct') las coordenadas de otro evento A, según cada sistema de referencia u observador. Entonces se define el intervalo invariante como:

$$\text{intervalo} \equiv (ct)^2 - x^2 = (ct')^2 - x'^2.$$

Las transformaciones de Lorentz en $2D$ que conectan los dos marcos inerciales

$$
\begin{aligned}
t' &= \gamma\left(t - \frac{vx}{c^2}\right) \\
x' &= \gamma(x - vt)
\end{aligned}
$$

deben cumplir esta igualdad.

5.2.1. La calibración de los ejes

El intervalo espacio-temporal nos ayuda a calibrar los ejes: las distancias entre las marcas de referencia de los ejes de cada observador no miden lo mismo, es decir, un segundo en el sistema de referencia de $\mathcal{O}$ es diferente a un segundo en el sistema de $\mathcal{O}'$. Como unidad usaremos el segundo luz (Ls, por sus siglas en inglés).

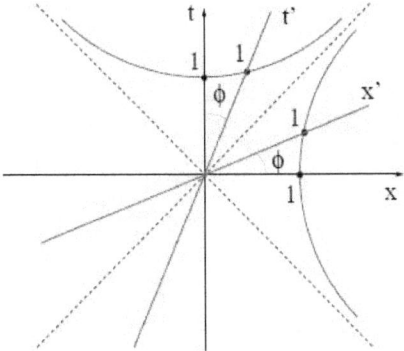

Figura 5.6: Calibrado de los ejes del observador $\mathcal{O}'$, para cualquier sistema (ct', x').

Para encontrar la relación entre las marcas de los ejes temporales basta mirar dónde cortan las hipérbolas $(ct)^2 - x^2 = (\text{Ls})^2$ al eje ct', dado por $ct = vx/c$, pues $(x = 0, ct = \text{Ls})$ se transforma en $(x' = 0, ct' = \text{Ls})$.

Para los ejes espaciales hay que mirar dónde cortan las hipérbolas $(ct)^2 - x^2 = -(\text{Ls})^2$ al eje x', dado por $ct = vx/c$, pues $(x = \text{Ls}, ct = 0)$ se transforma en $(x' = \text{Ls}, ct' = 0)$.

Para seguir con la calibración del eje temporal solo tenemos que tomar las intersecciones de las hipérbolas

$$(ct)^2 - x^2 = (n\text{Ls})^2, \qquad n = 1, 2, 3, ...$$

con el eje temporal ct', dado por $t = x/v$, pues $(x = 0, ct = n\text{Ls})$ se transforma en $(x' = 0, ct' = n\text{Ls})$ y de la misma forma tomar las intersecciones de las hipérbolas

$$(ct)^2 - x^2 = -(n\text{Ls})^2 \qquad n = (1, 2, 3, ..)Ls$$

con el eje espacial x', dado por $ct = vx/c$, pues $(x = n\text{Ls}, ct = 0)$ se transforma en $(x' = n\text{Ls}, ct' = 0)$. Donde n Ls, (múltiplos de segundo luz) es la distancia o intervalo que queremos calibrar.

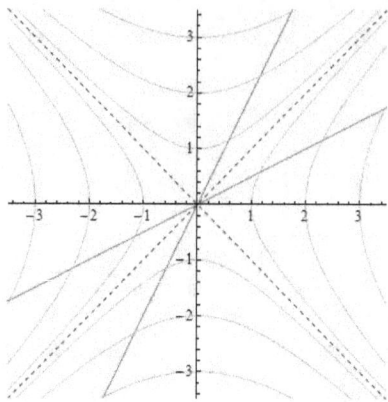

Figura 5.7: Calibrado de los ejes en todo el plano cartesiano para observadores $\mathcal{O}$ y $\mathcal{O}'$

5.2.2. Ejemplo: Cohete espacial

Un cohete espacial de longitud de un segundo luz (1Ls) se mueve con la velocidad relativa de $v = 3c/5$ respecto al sistema I de laboratorio, véase Fig 5.11. Los ejes del marco I' en movimiento se pueden construir con las siguientes consideraciones:

1) Usando las transformaciones de Lorentz en 2D, podemos obtener las ecuaciones de las rectas que nos permitirán construir los ejes del sistema I'. La pendiente de la recta está relacionada con la velocidad relativa. Si la velocidad relativa v es cercana a la velocidad de la luz, el eje t' se acerca al rayo de luz que biseca al sistema I y se aleja del rayo si la velocidad relativa es mucho menor que la de la luz.

Definición de los ejes:

- El eje t' es el eje para el cual $x' = 0 \rightarrow x = vt$

- El eje x' es el eje para el cual $t' = 0 \rightarrow t = \dfrac{v}{c^2}x$

Otra representación de los ejes es por su ángulo de rotación:

$$\tan\delta = \frac{v}{c} = \tan\delta'' \quad \text{o} \quad \tan\delta' = \frac{c}{v}$$

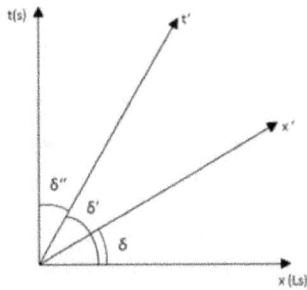

5.2.2.1. Calibración de los ejes

2) Para construir un segundo en el eje t' debemos tomar en cuenta la dilatación del tiempo $t' = t/\gamma$, por tanto, ya que $t = 1s$ en el sistema I, en I' tendremos:

$$t' = 1s\sqrt{1 - (\vec{v}/c)^2} = 1s\sqrt{1 - (3/5)^2} = 4/5s$$

de manera inversa, para t'=1s necesitamos multiplicar por $\gamma = 1/\sqrt{1 - (\vec{v}/c)^2}$, lo que nos da $t = 5/4$s.

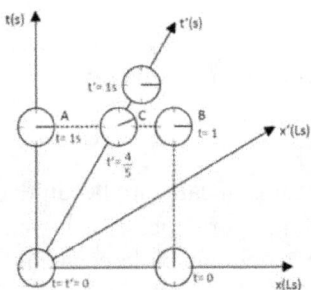

Figura 5.8: Para construir $t' = 1$s debemos tomar en cuenta la dilatación del tiempo.

2) Para el caso del cohete con longitud de 1 Ls, la unidad $x' = 1$Ls tiene la misma extensión que $t' = 1$s debido a la constancia de la velocidad de la luz, por lo tanto, la figura formada es simétrica, véase Fig 5.9. Por la congruencia de los triángulos obtenemos *la contracción de Lorentz.*

$$L = L_0\sqrt{1 - \vec{v}^2/c^2}$$

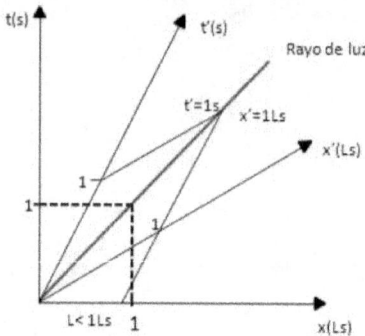

Figura 5.9: El cuadro de unidades en I se convierte en un rombo en I', con la velocidad de la luz como la bisectriz mayor.

5.2.2.2. Unidades

Las unidades se construyen a partir de la invariante relativista en 2D:

$$c^2 t^2 - x^2 \equiv c^2 t'^2 - x'^2$$

En particular si $t' = 1$ y $x' = 0$ tenemos en el sistema en reposo, para $c = 1$, la ecuación de una hipérbola:

$$t^2 - x^2 = 1$$

que nos ayuda a construir graficamente las unidades del eje temporal en el sistema I', mientras que para construir las unidades del eje espacial tomamos $t' = 0$ y $x' = 1$ que nos da la ecuación:

$$x^2 - t^2 = 1$$

5.2.2.3. Contracción de Lorentz

Ejemplo: Una estación espacial con una extensión propia de $L_0 = 1\text{Ls}$ se mueve con la velocidad $v = 3c/5$. Para medir la longitud de la estación espacial (distancia $\overline{AE}$) desde el marco en reposo debemos tomar en cuenta hacer la medición de ambos extremos del cuerpo

76

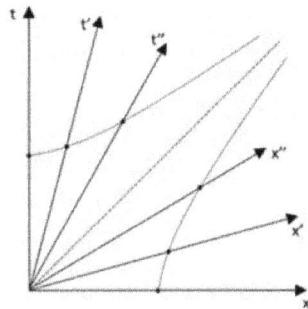

al mismo tiempo, considerando esto, observamos que la longitud en el marco en reposo es menor ($L < 1$Ls) y está dada por la contracción de Lorentz.

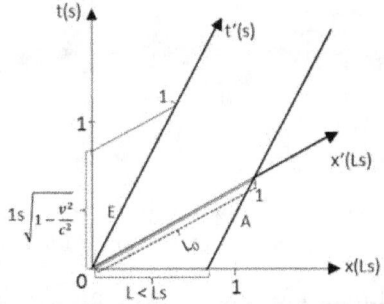

Figura 5.10: En el marco en reposo la longitud L de la estación espacial es menor que L_0 y está dada por la contracción de Lorentz.

5.3. Simultaneidad

El concepto de simultaneidad es clave para la relatividad. Aunque se pueden comparar relojes por un transporte muy lento (adiabático) de un lugar a otro, hoy se usan señales de radio para facilitar la comparación, que llegan al mismo tiempo a una distancia media entre dos puntos. Efectivamente, así, los GPS determinan lugares y tiempos con mucha precisión (si es que los ingenieros no cometen errores como los hubo en el caso de los "neutrinos superluminales" donde supuestamente un cable de microondas estuvo mal conectado).

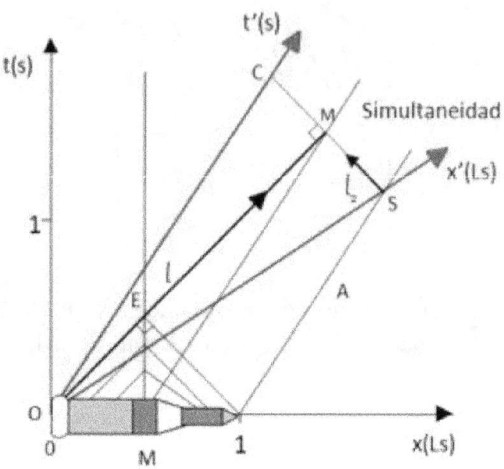

Figura 5.11: Un cohete de longitud un segundo luz ($1Ls$) y velocidad $v = 3c/5$.

Construcción de ejes:

- Eje t': El extremo E del cohete está en reposo relativo a I' y debe ser paralelo al nuevo eje t', por tanto, lo identificamos con t'.

- Eje x': Para el punto M ubicado a la mitad del cohete los eventos O y S ocurren al mismo tiempo respecto al marco I de laboratorio. Entonces el eje $x' = \overline{OS}$. El eje x' es por definición el lugar de los eventos simultáneos para el tiempo $t' = 0$. Entonces también para I' un rayo de luz emitido desde el origen 0 es una bisectriz para el sistema de coordenadas (t', x').

5.4. Orden temporal: pasado, presente, futuro y causalidad

Haciendo uso de los diagramas espacio-tiempo, es fácil ver que eventos simultáneos para un observador no lo son para otro. Por ejemplo los

78

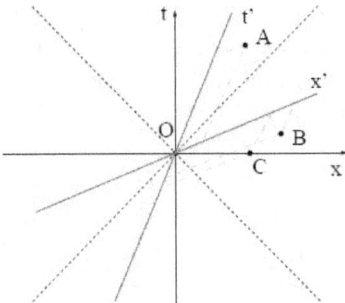

Figura 5.12: Los eventos O y C son simultáneos para $\mathcal{O}$ pero no para $\mathcal{O}'$. El evento A ocurre después que el O, tanto para $\mathcal{O}$ como para $\mathcal{O}'$. El evento B ocurre después que el O para $\mathcal{O}$ pero antes que el O para $\mathcal{O}'$.

eventos O y C de la Fig. 5.12. Ésta es la relatividad de la simultaneidad de la que ya hemos hablado.

Ahora hay algo que nos preocupa. Hay eventos que siguen el mismo orden temporal para dos observadores inerciales mientras que otros cambian de orden (Fig. 5.12). Sin embargo, esperamos que algunos sucesos deban guardar el orden temporal para cualquier observador inercial. Nos referimos a los que están relacionados de forma causal: de lo contrario viviríamos en un mundo en el que los efectos podrían preceder a sus causas dependiendo de la velocidad relativa con la que los observáramos.

La región de sucesos en el espacio-tiempo conectados causalmente con un suceso O en el origen se muestra en la Fig. 5.13. Para demostrarlo basta con dibujar los ejes de un observador inercial que se mueve con velocidad arbitraria, pero nunca superior a la de la luz. Entonces es claro que sucesos situados por encima de líneas a 45° guardan siempre el mismo orden temporal: se trata del *cono de luz* de un observador situado en el origen de coordenadas.

Nótese que: los sucesos conectados causalmente están separados por un intervalo positivo (según nuestra definición del intervalo), que llamamos tipo temporal. No hay ningún observador inercial que pueda medir sucesos separados temporalmente como sucesos simultáneos. El orden temporal de dos sucesos es el mismo para cualquier observador inercial.

Los sucesos no conectados causalmente están separados por un intervalo negativo, que llamamos tipo espacial. Siempre es posible encontrar un observador inercial que pueda medir sucesos separados espacialmente como sucesos simultáneos. El orden temporal de dos sucesos depende del observador.

Los sucesos conectados por un rayo de luz están separados por un intervalo nulo o tipo luz. Digamos finalmente que Einstein cambió radicalmente nuestro concepto de pasado, presente y futuro, introduciendo una nueva subdivisión: para un evento O existe el pasado (parte inferior del cono de luz), el presente (vértice del cono de luz), el futuro (parte superior del cono de luz) y todo lo demás (exterior al cono de luz) no tiene sentido físico!. Esta última subdivisión contiene a los sucesos que jamás pueden influir en O y también aquellos en los que O tampoco influir.

$$\text{intervalo tipo tiempo: } (ct)^2 - x^2 = (ct')^2 - x'^2 > 0.$$
$$\text{intervalo tipo espacio: } (ct)^2 - x^2 = (ct')^2 - x'^2 < 0.$$
$$\text{intervalo tipo luz: } (ct)^2 - x^2 = (ct')^2 - x'^2 = 0.$$

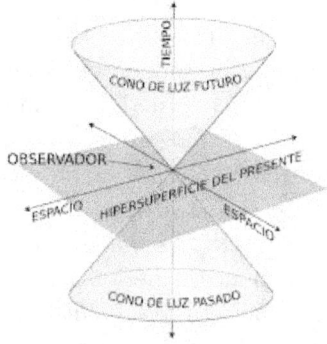

Figura 5.13: Región de sucesos conectados causalmente por el origen.

5.4.1. Tareas

1. Ilustrar mediante un diagrama espacio-tiempo el fenómeno de la contracción de longitud sobre una vara de medición, suponiendo que:

- a) El observador en reposo $\mathcal{O}$ es el que tiene la vara de medir y el observador $\mathcal{O}'$ es el que la ve pasar frente a él.

- b) El observador en movimiento $\mathcal{O}'$ es el que lleva consigo la vara de medir y el observador en reposo $\mathcal{O}$ es el que la ve pasar frente a él.

a) En el primer caso, si el observador en reposo es el que tiene una vara de medir de longitud L_0, las líneas del mundo de los dos extremos de la vara de medir se mantendrán como dos líneas verticales paralelas proyectadas hacia arriba como lo muestra el diagrama espacio-tiempo de la Fig. 5.14.

En este caso, el observador estacionario $\mathcal{O}$ mide para la vara al mismo tiempo $t = 0$ en su tiempo propio una longitud L_0. Pero el observador móvil $\mathcal{O}'$ mide la coordenada de cada extremo de la vara delgada en tiempos diferentes y concluye que hubo una contracción en la longitud de la vara.

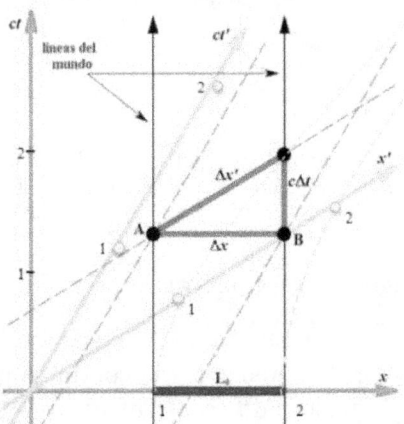

Figura 5.14: El observador estacionario $\mathcal{O}$ mide una longitud L_0 para la vara a su mismo tiempo propio $t = 0$, se pude notar que en el sistema móvil $\mathcal{O}'$ hubo una contracción, con los puntos amarillos que es la graduación del sistema móvil.

b) En el segundo caso, si el observador en movimiento $\mathcal{O}'$ es el que lleva consigo la vara de medir de longitud L_0, las líneas del mundo de los dos extremos de su vara de medir se mantendrán como dos líneas paralelas las cuales a su vez serán paralelas a su eje vertical ct' como lo muestra el diagrama espacio-tiempo de la Fig. 5.15.

En este caso, el observador $\mathcal{O}'$ mide para su vara al mismo tiempo $ct' = 0$ en su tiempo una longitud L_0. Pero el observador $\mathcal{O}$ mide la coordenada de cada extremo de la vara en tiempos diferentes y concluye por su parte que hubo una contracción en la longitud de la vara.

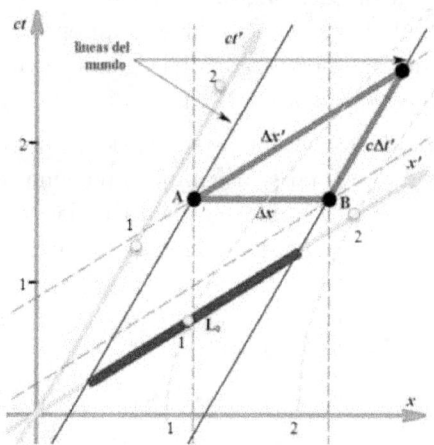

Figura 5.15: El observador móvil $\mathcal{O}'$ mide una longitud L_0 para la vara en su mismo tiempo propio $t' = 0$, se pude notar que en el sistema estacionario $\mathcal{O}$ hubo una contracción.

2. Dibujar el diagrama de Minkoswki para la estación espacial. Buscar las coordenadas L_1' y L_2'.

3. Graficar el factor de Lorentz γ y la contracción de Lorentz L/L_0 en función de la velocidad $\beta = v/c$ relativa.

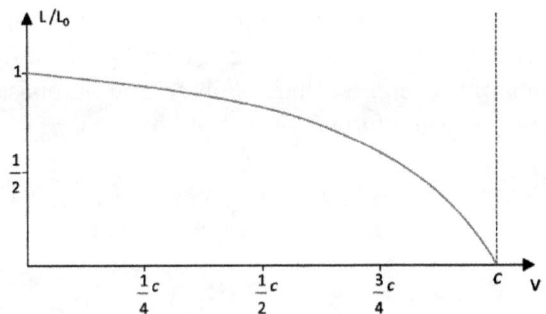

83

Capítulo 6

Transformaciones de Lorentz

6.1. Relatividad Galileana

Consideremos un viaje en autobús del Distrito Federal a un punto del estado de Puebla justo a 100 km del DF. El autobús mantiene una velocidad constante de $v = 100\,\text{km/h}$. Si una persona en reposo en el DF ó, alternativamente, en Puebla, observa al autobús, su línea de sucesos tiene la siguiente forma:

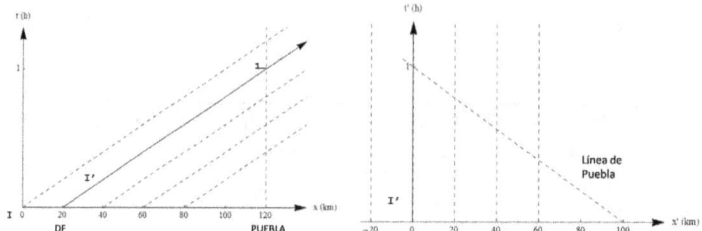

Sin embargo, en el marco inercial del autobús, Puebla se está acercando con una velocidad constante opuesta y al final Puebla está llegando al autobús, entonces la línea de sucesos se inclina al revés. En los diagramas de espacio-tiempo observados el tiempo corre "desde arriba" como en los diagramas de Feynman.

Entonces definimos las coordenadas del nuevo marco inercial como:

$$I' = \begin{cases} \text{eje } t' \ : \ x' = 0 = x - vt - x_0 & (\text{sucesos simultáneos}) \\ \text{eje } x' \ : \ t' = 0 = t & (\text{Newton : el tiempo es absoluto,} \\ & \text{como los emperadores de su época.}) \end{cases}$$

De estas definiciones de los ejes resultan **las transformaciones especiales de Galilei**:

$$
\begin{aligned}
t' &= t \\
x' &= x - vt - x_0 \\
u' &= u - v
\end{aligned}
$$

donde v es la velocidad relativa entre los dos marcos inerciales. Las velocidades instantáneas $u \equiv \dfrac{dx}{dt}$ y $u' \equiv \dfrac{dx'}{dt'}$ se suman linealmente.

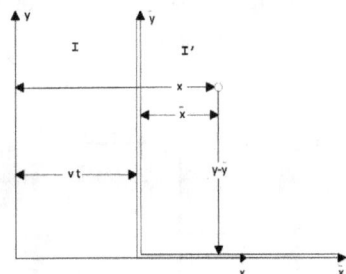

Figura 6.1: Diagrama de las tranformaciones de Galilei.

Las reglas para el grupo de transformaciones de Galilei están brevemente resumidas en el apéndice A.

6.2. Transformaciones de Lorentz

Suponga que un evento que ocurre en algún punto P es reportado por dos observadores, uno en reposo en un marco inercial I y otro en I' que se mueve a la derecha con una velocidad relativa v respecto a I. Las ecuaciones que son válidas para todas las magnitudes de velocidad $v \leq c$ son:

$$
\begin{aligned}
t' &= \gamma \left(t - \frac{v}{c^2} x \right) \\
x' &= \gamma \left(x - vt \right) \\
y' &= y \\
z' &= z
\end{aligned}
$$

creadas[1] por Hendrik A. Lorentz (1853 − 1928).

Cuando $v \ll c$, las ecuaciones de transformación de Lorentz deben reducirse a las ecuaciones Galileanas:

$$t' = t$$
$$x' = x - vt$$
$$y' = y$$
$$z' = z$$

de la mecánica newtoniana. Observemos que el tiempo fue "absoluto" para Newton, como los reyes y gobernantes de su época.

En muchas situaciones, nos gustaría saber la diferencia entre dos eventos P y Q vistos por los observadores O y O' en diferentes marcos inerciales:

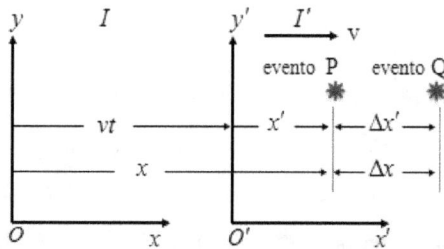

Figura 6.2: Eventos en dos marcos inerciales I e I'

Las transformaciones de Lorentz de un marco de referencia a otro

---

[1]Estas transformaciones fueron consideradas antes en forma "embriónica" por Woldemar Voigt en 1887 y probablemente por Bernhard Riemann quien desarrolló en 1858 la ecuación de onda para el potencial eléctrico ya en su forma invariante relativista. H. Poincaré discutió la matemática de estas transformaciones en 1904 y el problema de la sincronización de los relojes.

son:

$$I \longrightarrow I'$$

$$\Delta t' = \gamma \left(\Delta t - \frac{v}{c^2} \Delta x \right)$$

$$\Delta x' = \gamma \left(\Delta x - v\Delta t \right),$$

o

$$I' \longrightarrow I$$

$$\Delta t = \gamma \left(\Delta t' + \frac{v}{c^2} \Delta x' \right)$$

$$\Delta x = \gamma \left(\Delta x' + v\Delta t' \right),$$

la cual corresponde a una transformación de Lorentz correspondiente a una velocidad $v \to -v$ relativa opuesta.

De estas transformaciones puede deducirse que:

a) Para sucesos en el mismo lugar, es decir $\Delta x = 0$, se tiene

$$\Delta t' = \gamma \Delta t$$

que se conoce como dilatación del tiempo.

b) Para sucesos simultáneos, los cuales satisfacen $\Delta t = 0$ (en el marco I' en movimiento relativo a I) recuperamos

$$\Delta x = \frac{\Delta x'}{\gamma} = \sqrt{1 - \frac{v^2}{c^2}} \Delta x' \leq \Delta x'$$

la cual es la contracción de Lorentz(–FitzGerald). De un objeto visto de un marco I cuya velocidad relativa v cercana a la velocidad de la luz c, su longitud se aproxima a cero. (No se aplica para $v > c$ por razones de causalidad.)

6.3. La transformación de Lorentz de velocidades instantáneas

Dos individuos en movimiento relativo con respecto uno del otro observan el movimiento de un cuerpo. Suponga que un cuerpo tiene una componente de velocidad instantánea $u'_x = dx'/dt'$.

Como u'_x se mide en el marco I' tenemos para eventos infinitesimales cercanos que,

$$dx' = \gamma(dx - v\,dt)$$
$$dt' = \gamma\left(dt - \frac{v}{c^2}dx\right).$$

El cociente de estos valores nos da:

$$u'_x = \frac{dx'}{dt'} = \frac{dx - v\,dt}{dt - \frac{v}{c^2}dx} = \frac{\frac{dx}{dt} - v}{1 - \frac{v}{c^2}\frac{dx}{dt}}$$

pero dx/dt es precisamente la componente de la velocidad u_x del cuerpo en el marco I.

Por lo tanto, esta expresión se convierte en:

$$u'_x = \frac{u_x - v}{1 - \frac{u_x v}{c^2}}.$$

Ahora, supongamos que el cuerpo tiene componentes de velocidad a lo largo de los ejes y y z, las componentes medidas por un observador en I' son:

$$u'_y = \frac{u_y}{\gamma\left(1 - \frac{u_x v}{c^2}\right)}$$
$$u'_z = \frac{u_z}{\gamma\left(1 - \frac{u_x v}{c^2}\right)}.$$

Para el caso no relativista, tenemos el límite Newtoniano: $u'_x \approx u_x - v$. En el caso ultrarrelativista, cuando $u_x = c$, la ecuación se convierte en

$$u'_x = \frac{c - v}{1 - \frac{cv}{c^2}} = \frac{c\left(1 - \frac{v}{c}\right)}{1 - \frac{v}{c}} = c,$$

que respeta la invariancia de la velocidad de la luz en diferentes marcos de referencia.

Otra consecuencia del límite la velocidad de la luz c para la adición de velocidades es que no existen cuerpos rígidos ni fluidos incompresibles en la RE; de lo contrario, se podrían transmitir efectos instantáneos i.e. con velocidades infinitas.

En los estudios sobre choques relativistas de partículas realizados en laboratorios como el CERN, es común el uso de la pseudo-velocidad ó "rapidez", definida como:

$$r \equiv c \tanh^{-1}\left(\frac{v}{c}\right),$$

la cual también se puede sumar linealmente en RE, es decir, $R = r_1 + r_2$ para velocidades colineales debido al teorema de adición

$$\tanh(\alpha + \beta) = \frac{\tanh\alpha + \tanh\beta}{1 + \tanh\alpha\tanh\beta}$$

de la tangente hiperbólica.

Ejemplo: Velocidad relativa de dos naves espaciales

Dos naves espaciales A y B se mueven en direcciones opuestas. Un observador en la Tierra mide que la velocidad de la nave A es de 0.750 c y la velocidad de la nave B es $0.850c$. Encuentre la velocidad de la nave B como la observa la tripulación de la nave A

Solución: Identificamos la velocidad $u_x = -0.850c$ y $v = 0.750c$, ahora podemos obtener la velocidad u_x' de la nave B con respecto a la nave A

$$u_x' = \frac{u_x - v}{1 - \frac{u_x v}{c^2}} = \frac{-0.850c - 0.750c}{1 - \frac{(-0.850c)(0.750c)}{c^2}} = -0.977c.$$

Para finalizar este problema, observe que el signo negativo indica que la nave B se mueve en la dirección x opuesta observada por la tripulación de la nave A.

6.4. Las transformaciones generalizadas de Lorentz

Para espacios isótropos las transformaciones de Lorentz generalizadas son:

$$t' = \gamma \left(t - \frac{\vec{v} \cdot \vec{x}}{v_{\max}^2} \right)$$

$$\vec{x}' = \vec{x} + \frac{\gamma - 1}{v^2} \left(\vec{v} \cdot \vec{x} \right) \vec{v} - \gamma \vec{v} t$$

donde $\gamma = 1/\sqrt{1 - \vec{v} \cdot \vec{v}/v_{\max}^2}$ es el factor de Lorentz "generalizado" por un límite de velocidad arbitrario, $v_{\max}$. Estas transformaciones pueden deducirse usando teoría de grupos.

Transformación general de Lorentz	Transformación de Lorentz inversa
$t' = \gamma \left(t - \dfrac{\vec{v} \cdot \vec{x}}{v_{\max}^2} \right)$	$t = \gamma \left(t' + \dfrac{\vec{v} \cdot \vec{x}'}{v_{\max}^2} \right)$
$\vec{x}' = \vec{x} + \dfrac{\gamma - 1}{v^2} \left(\vec{v} \cdot \vec{x} \right) \vec{v} - \gamma \vec{v} t$	$\vec{x} = \vec{x}' + \dfrac{\gamma - 1}{v^2} \left(\vec{v} \cdot \vec{x}' \right) \vec{v} + \gamma \vec{v} t'$

Casos especiales :

a) Transformación de Galilei especial:

$$v_{\max} \to \infty \qquad \begin{aligned} t' &= t \\ \vec{x}' &= \vec{x} - \vec{v} t \end{aligned}$$

b) Transformación de Lorentz en la dirección x:

$$v_{\max} \to c$$

90

Si $\vec{v} \parallel x$ ó $\vec{v} = (v, 0, 0)^T \Rightarrow \vec{v} \cdot \vec{x} = vx$, entonces

$$t' = \gamma\left(t - \frac{v}{c^2}x\right)$$
$$x' = \gamma\left(x - vt\right)$$
$$y' = y, \qquad z' = z,$$

donde $\gamma = 1/\sqrt{1 - \beta^2}$ y $\beta = v/c$.

Transformacion	Transformación inversa
$t' = \gamma\left(t - \dfrac{v}{c^2}x\right)$	$t = \gamma\left(t' + \dfrac{v}{c^2}x'\right)$
$x' = \gamma\left(x - vt\right)$	$x = \gamma\left(x' + vt'\right)$
$y' = y \qquad z' = z$	$y = y', \qquad z = z'$

6.5. La transformación general de Lorentz de la velocidad

En el límite newtoniano, la adición vectorial de las velocidades $\vec{u}$ y $\vec{v}$ es:

$$\vec{w} = \vec{u} + \vec{v}$$

Sean I, I' e I'' tres marcos inerciales en el movimiento relativo. Queremos deducir la generalización de la adición vectorial para velocidades relativistas. Para deducirla, empezamos con las transformaciones de Lorentz inversas:

$$t = \gamma\left(t' + \frac{\vec{v} \cdot \vec{x}'}{c^2}\right)$$
$$\vec{x} = \vec{x}' + \frac{\gamma - 1}{v^2}\left(\vec{v} \cdot \vec{x}'\right)\vec{v} + \gamma\vec{v}t'.$$

Sustituimos $\vec{x}' = \vec{u}t'$ y dividimos entre t para obtener $\vec{w} = \vec{x}/t$. Entonces, obtenemos:

$$\vec{w} = \frac{\dfrac{\vec{u}}{\gamma} + \dfrac{(\gamma - 1)}{\gamma v^2}\,(\vec{u}\cdot\vec{v})\,\vec{v} + \vec{v}}{1 + \dfrac{\vec{v}\cdot\vec{u}}{c^2}}.$$

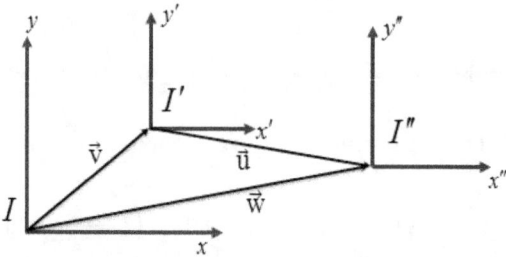

Figura 6.3: Adición relativista de velocidades.

Una consecuencia general es la desigualdad cuadrática

$$\vec{w}^2 = c^2 - \frac{c^2\left(c^2 - \vec{u}^2\right)\left(c^2 - \vec{v}^2\right)}{\left(c^2 + \vec{v}\cdot\vec{u}\right)^2} = c^2\left[1 - \frac{\left(c^2 - \vec{u}^2\right)\left(c^2 - \vec{v}^2\right)}{\left(c^2 + \vec{v}\cdot\vec{u}\right)^2}\right] \leq c^2.$$

Es decir, la velocidad cuadrada es siempre menor o igual a la velocidad de la luz al cuadrado, en congruencia con los postulados de Einstein. Una fórmula útil y equivalente es:

$$c^2 - \vec{w}^2 = \frac{c^2\left(c^2 - \vec{u}^2\right)\left(c^2 - \vec{v}^2\right)}{\left(c^2 + \vec{v}\cdot\vec{u}\right)^2}$$

En el caso ultra-relativista, es decir, cuando $|\vec{v}| = c$ y $|\vec{u}| = c$, tenemos, aunque contra intuitivo $|\vec{w}| = c$.

Casos especiales:

a) Para velocidades paralelas $\vec{u} \parallel \vec{v}$, es decir $(\vec{u}\cdot\vec{v}) \propto v^2$, tenemos

$$\vec{w} = \frac{\vec{u} + \vec{v}}{1 + \dfrac{\vec{u}\cdot\vec{v}}{c^2}}$$

Si $|\vec{v}| = c$ y $|\vec{u}| = c$, implica que $|\vec{w}| = \dfrac{2c}{2} = c$, que es el caso ultra-relativista.

b) Para velocidades perpendiculares $\vec{u} \perp \vec{v}$, es decir $(\vec{u} \cdot \vec{v}) = 0$. Entonces:

$$\vec{w} = \vec{v} + \sqrt{1 - \frac{v^2}{c^2}}\, \vec{u}$$

Este resultado puede obtenerse también como consecuencia de la dilatación del tiempo. Además para $|\vec{v}| = c$, resulta $|\vec{w}| = |\vec{v}| = c$.

c) Supongamos que la velocidad $\vec{v}$ relativa solamente tiene una componente en dirección x, es decir $\vec{v} = (v, 0, 0)^T$. Como $\vec{u} \cdot \vec{v} = u_x v$, la forma general se simplifica en la siguiente tabla:

Transformación de la velocidad	Transformación inversa de la velocidad
$w_x = \dfrac{u_x - v}{1 - u_x v/c^2}$	$w_x = \dfrac{u'_x + v}{1 + v u'_x/c^2}$
$w_y = \dfrac{u_y}{\gamma\left(1 - u_x v/c^2\right)}$	$w_y = \dfrac{u'_y}{\gamma\left(1 + v u'_x/c^2\right)}$
$w_z = \dfrac{u_z}{\gamma\left(1 - u_x v/c^2\right)}$	$w_z = \dfrac{u'_z}{\gamma\left(1 + v u'_x/c^2\right)}$

6.5.1. Transformación de velocidades que forman un ángulo

Para estudiar la aberración de la luz consideremos los efectos relativistas cuando el vector de velocidad $\vec{u}$ y el eje x' forman un ángulo.

$$\vec{u} \cdot \vec{v} = u_x v$$

Si θ' es el ángulo entre $\vec{u}$ y x', visto desde el marco del laboratorio tenemos la siguiente expresión de transformación:

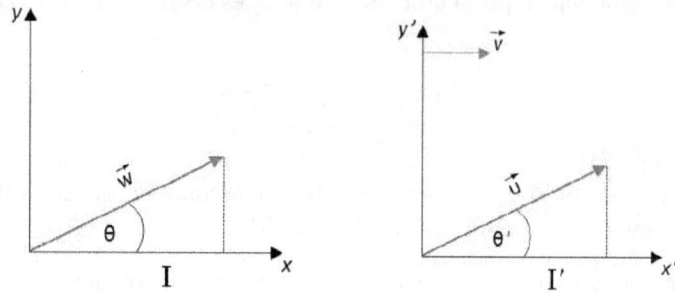

Figura 6.4:

$$\tan\theta = \frac{u_\perp}{u_\parallel} = \frac{w_y}{w_x} = \frac{\dfrac{u_y'}{\gamma\left(1 + vu_x'/c^2\right)}}{\dfrac{u_x' + v}{1 + vu_x'/c^2}}$$

$$= \frac{u_y'}{\gamma\left(u_x' + v\right)}$$

$$= \frac{u'\sin\theta'}{\gamma\left(u'\cos\theta' + v\right)}.$$

Para la aberración de la luz consideramos el movimiento de los fotones. Entonces tenemos que $u' = c$, a partir de lo cual se obtiene:

$$\tan\theta = \frac{\sin\theta'}{\gamma\left(\cos\theta' + \beta\right)}.$$

Una relación que será de utilidad posteriormente es la transformación de $\cos\theta$ y $\sin\theta$, las cuales determinaremos a partir de la expresión de $\tan\theta$. Estas ecuaciones nos permitirán establecer conclusiones sobre efectos relativistas del ángulo θ de emisión de luz. Aplicando identidades trigonométricas obtenemos:

94

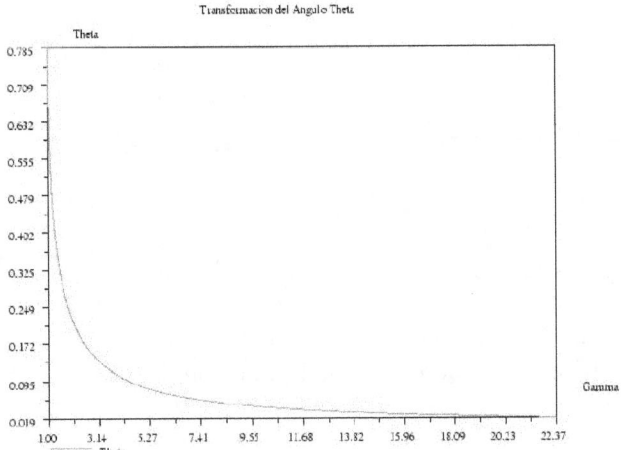

Figura 6.5: Transformación de $\theta = \pi/4$.

$$
\begin{aligned}
\tan^2 \theta &= \frac{\sin^2 \theta'}{\gamma^2 \left(\cos \theta' + \beta\right)^2} \\
&= \frac{\sin^2 \theta' \left(1 - \beta^2\right)}{\left(\cos \theta' + \beta\right)^2} \\
&= \frac{\sin^2 \theta' - \beta^2 \sin^2 \theta'}{\left(\cos \theta' + \beta\right)^2} \\
&= \frac{1 - \cos^2 \theta' - \beta^2 + \beta^2 \cos^2 \theta'}{\left(\cos \theta' + \beta\right)^2}
\end{aligned}
$$

donde se debe tener en cuenta que $1/\gamma^2 = 1 - \beta^2$ y $\sin^2 \theta' = 1 - \cos^2 \theta'$.
Sumando 1 a la última ecuación se tiene:

$$
\tan^2 \theta + 1 = \frac{\left(1 + \beta \cos \theta'\right)^2}{\left(\cos \theta' + \beta\right)^2},
$$

con lo cual aplicando la identidad $\tan^2 \theta' + 1 = 1/\cos^2 \theta'$ tenemos:

$$
\cos \theta = \frac{\cos \theta' + \beta}{1 + \beta \cos \theta'}.
$$

95

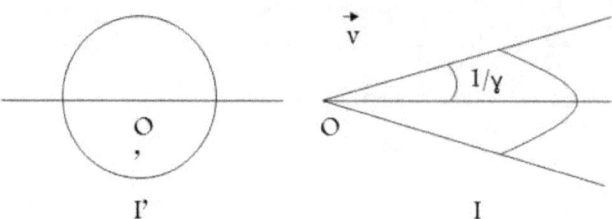

Figura 6.6: Emisión de radiación direccionada en función de la velocidad.

Para la transformación de $\sin\theta$ aplicamos la identidad trigonométrica $\sin\theta = \tan\theta\cos\theta$ y procedemos de la siguiente forma:

$$\begin{aligned}\sin\theta &= \tan\theta\cos\theta \\ &= \frac{\sin\theta'}{\gamma\left(1 + \beta\cos\theta'\right)}.\end{aligned}$$

Para el caso de fotones que se mueven formando un ángulo $\sin\theta' = \pi/2$, entonces $\sin\theta = 1/\gamma$; si $\gamma \gg 1$ podemos realizar la aproximación $\theta \approx 1/\gamma$.

A partir de lo anterior podemos observar que si la emisión de fotones en el sistema I' es isotrópica, en el sistema I ésta se observará direccionada en el mismo sentido del movimiento del marco de la partícula formando un ángulo $1/\gamma$ para $\gamma \gg 1$. La emisión detectada en el marco I se observará como un cono de radio angular $1/\gamma$ que al aumentar la velocidad v aumentará su grado de colimación.

Figura 6.7:

6.6. Interferómetro de Fizeau

El interferómetro de Fizeau es otra prueba de la relatividad de Einstein. Originalmente, este experimento fue realizado en 1851 con el objetivo de detectar el supuesto éter y analizar el efecto del movimiento del agua en la velocidad de la luz que la traspasa.

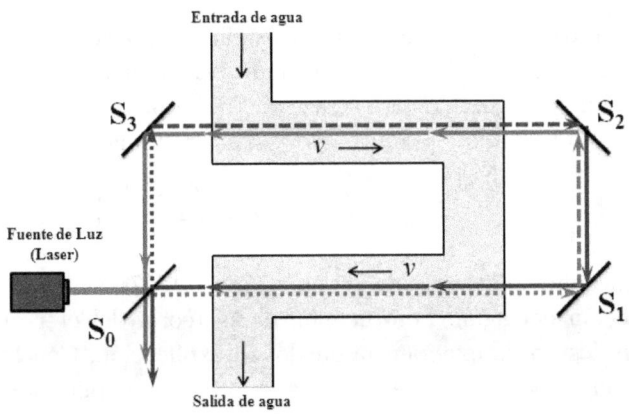

Figura 6.8: La teoría del éter nos dice que las velocidades esperadas son $c' = c/n \pm v$, el resultado que obtuvo Fizeau del experimento es $c' = c/n \pm (1 - \frac{1}{n^2})v$.

La pretensión inicial de la experiencia era tratar de diferenciar entre la teoría del éter estático y la del éter totalmente arrastrado por el medio en que viaja la luz. Si el agua moviéndose a velocidad v no arrastraba al éter en absoluto no debería haber diferencia entre la velocidad de la luz en el agua en reposo c_w o en movimiento observada y medida desde el sistema en reposo. Si el agua arrastraba totalmente al éter la velocidad medida debería ser $c_w + v$ o $c_w - v$ según la dirección del movimiento del agua. El resultado que obtuvo Fizeau mediante interferometría fue sorprendente; no obtuvo un resultado que concordara con ninguna de las dos teorías sino que la diferencia de tiempo que obtuvo era de un poco menos que un 43.5s de la que debería haber según la teoría del éter totalmente arrastrado por el medio. Esta cantidad 0.435 coincide con $(1 - c_w^2/c^2) = 0.4346$ siendo para el agua $c_w = 0.7518\,c$ donde c la velocidad de la luz en el vacío. Para otros fluidos con velocidades de propagación de la luz diferentes la coincidencia era la misma. Así se deduce que la velocidad medida fue de $c_w + v(1 - c_w^2/c^2)$ y $c_w - v(1 - c_w^2/c^2)$ según la dirección de propagación de la luz a favor o en contra de $\vec{v}$. Veamos un poco los detalles del experimento:

Cuando el agua está en reposo los dos rayos deben llegar a la vez pues los recorridos son idénticos, pero al hacer circular el agua a través de la tubería transparente a velocidad v el rayo rojo se frenará y el azul se acelerará.

Se observó el desplazamiento de las franjas de interferencia obtenidas es un resultado que era coincidente con un gran grado de precisión con la teoría de un éter parcialmente arrastrado de forma que las velocidades de la luz a lo largo de los tubos con agua en movimiento:

$$c' = \frac{c}{n} \pm v\, d, \quad \text{donde} \quad d \equiv \left(1 - \frac{1}{n^2}\right)$$

es el coeficiente de arrastre de Fresnel $(1788 - 1827)$, siendo n el índice de refracción del agua. Pero cuando dicha teoría del éter arrastrado quedó en desuso, la experiencia quedó sin explicación. Con Einstein y su teorema de adición de velocidades se llegó una explicación completamente contundente.

Ejemplo:

En el experimento de Fizeau, los valores aproximados del parámetro fueron los siguientes $L = 1.5\,\text{m}$, $n = 1.33$, $\lambda = .53 \times 10^{-7}\text{m}$, y la velocidad del agua $v = 7\,\text{m/seg}$. Se observó un corrimiento de 0.23 de franja para $v = 0$. Calcular el coeficiente de arrastre y compararlo con el valor obtenido teóricamente. Supongamos que d representa el coeficiente de arrastre. Entonces, el tiempo para que el haz 1 atraviese el agua es de:

$$t_1 = \frac{2L}{(c/n) - v\, d}$$

para el haz 2

$$t_2 = \frac{2L}{(c/n) + v\, d}$$

luego

$$\Delta t = t_1 - t_2 = \frac{4Lv\,d}{(c/n)^2 - v^2\,d^2} \simeq \frac{4Ln^2v\,d}{c^2}.$$

El período de vibración de la luz es $T = \lambda/c$ de modo que

$$\Delta N \simeq \frac{\Delta t}{T} = \frac{4Ln^2v\,d}{\lambda c}$$

y, con los valores indicados, se obtiene

$$d = \frac{\lambda c \Delta N}{4Ln^2v} = 0.47.$$

La predicción de Fresnel es

$$d = 1 - \frac{1}{n^2} = 0.44.$$

6.6.1. Fizeau y la adición de velocidades de Einstein

La ecuación del teorema de adición de velocidades que se deduce de las transformadas de Lorentz es:

$$w = \frac{u \pm v}{1 \pm \dfrac{u\,v}{c^2}}$$

siendo u y v las velocidades a sumar (una es la velocidad del sistema de referencia en movimiento y la otra la velocidad observada desde dicho sistema de referencia) y w la velocidad resultante a observar.

Así si consideramos al agua en movimiento como un sistema inercial de velocidad v, podemos considerar que un observador en reposo respecto al agua medirá como velocidad de la luz en el agua (w) la misma que corresponde a la velocidad del agua en reposo y con la anterior fórmula podemos calcular el resultado de la experiencia.

Haciendo dichos cálculos podemos ver que las predicciones de la RE coinciden con bastante precisión con la experiencia. Además, comparando los resultados de esta fórmula con la del éter parcialmente arrastrado se aprecia que los resultados son casi iguales para velocidades bajas del agua en circulación. Se puede considerar entonces que la expresión correspondiente al éter arrastrado es una aproximación del teorema de adición de velocidades para velocidades bajas.

Para observar esta aproximación matemáticamente podemos sustituir u por la velocidad c/n de la luz en el agua y luego realizando una aproximación tenemos que para el tramo $S_2 - S_3$ de la Fig.6.8.

$$w = \frac{\dfrac{c}{n} \pm v}{1 \pm \dfrac{v \dfrac{c}{n}}{c^2}}$$

$$w = \frac{\dfrac{c}{n} \pm v}{\left(1 \pm \dfrac{v \dfrac{c}{n}}{c^2}\right)} \frac{\left(1 \mp \dfrac{v \dfrac{c}{n}}{c^2}\right)}{\left(1 \mp \dfrac{v \dfrac{c}{n}}{c^2}\right)} = \frac{\dfrac{c}{n} \pm v \mp \dfrac{v}{n^2} - \dfrac{v^2}{nc}}{\left(1 - \dfrac{v^2}{n^2 c^2}\right)}.$$

Entonces para $v \ll c$

$$w = \frac{c}{n} \pm v \left(1 - \frac{1}{n^2}\right).$$

Como ejemplo numérico de la similitud entre la expresión planteada por Fizeau y la de la adición de velocidades de Einstein, la velocidad del agua $v = 0.001\,c$, y la velocidad de la luz en el agua $u = 0.75180\,c$ se obtiene para la expresión de Fizeau una velocidad $c' = w = 0.75223480\,c$ y según la fórmula de adición de velocidades $c' = w = 0.75223447\,c$. La diferencia no se aprecia hasta llegar al séptimo decimal para velocidades del agua de una milésima de la de la luz ($c \simeq 300$ km/s). Para velocidades menores típicas de un laboratorio la diferencia es inapreciable.

Con esto concluimos que la teoría de Einstein explica el experimento de Fizeau, el cual originalmente fue diseñando para verificar el coeficiente de "arrastre" de Fresnel.

6.6.2. Tareas:

1. Suponga que una partícula se desplaza a la velocidad con respecto al sistema de I'. La partícula se mueve en el plano $x' - y'$ y su trayectoria forma un ángulo θ' con el eje x.

a) Demuestre que las ecuaciones de movimiento en I' están dadas por

$$x' = u't' \cos \theta' \qquad y' = u't' \sin \theta' \qquad z = 0.$$

b) En el sistema I, la velocidad correspondiente, u, y el ángulo están dados por las ecuaciones

$$x = u\, t \cos \theta \qquad y = u\, t \sin \theta \qquad z = 0.$$

Explique esta afirmación.

c) Use las ecuaciones de transformación de Lorentz para demostrar que la magnitud y la dirección de la velocidad en I están dadas por

$$u^2 = \frac{u'^2 + v^2 + 2u'v \cos \theta' - \left(u'^2 v^2 / c^2\right) \sin^2 \theta'}{\left[1 + \left(u'v/c^2\right) \cos \theta'\right]^2}$$

$$\tan \theta = \frac{u' \sin \theta' \sqrt{1 - \beta^2}}{u' \cos \theta' + v}.$$

2. (a) Demuestre que cuando $u'^2 = u_x'^2 + u_y'^2$ y $u^2 = u_x^2 + u_y^2$ puede escribirse

$$c^2 - u^2 = \frac{c^2 \left(c^2 - u'^2\right) \left(c^2 - v^2\right)}{\left(c^2 + u_x' v\right)^2}.$$

(b) A partir de este resultado, demuestre que si $u' < c$ y $v < c$, entonces u debe ser menor que c. Es decir, demuestre que al hacer la suma relativista de dos velocidades menores que I, se obtiene una velocidad que también es menor que c. (c) A partir de este resultado, demuestre que si $u' = c$, o $v = c$, entonces u debe ser igual a c. Es decir, la suma relativista de cualquier velocidad más la velocidad de la luz es igual a la propia velocidad de la luz.

3. Suponga que hay un universo en el que la velocidad de la luz es $c = 160$km/h; ahí, un Lincoln Continental viaja a velocidad v con respecto a un equipo de radar fijo que mide la velocidad de los vehículos; este automóvil rebasa a un Volkswagen que viaja a la velocidad límite de 80 km/h $= c/2$. La velocidad del Lincoln es tal

que el observador fijo mide su longitud como igual a la velocidad del Volkswagen. Si la longitud propia del Lincoln es dos veces la del Volkswagen. ¿En cuánto excede su velocidad a la velocidad límite?

4. Demuestre que el tiempo propio, o sea, $d\tau = dt\sqrt{1 - \beta^2}$, es una cantidad que no varía con respecto a las transformaciones de Lorentz. (Sugerencia: En la definición $\beta^2 := v^2/c^2$ haga que $v^2 = (dx/dt)^2 + (dy/dt)^2 + (dz/dt)^2$).

5. Haciendo uso de la fórmula para la adición de dos velocidades distintas $\vec{u}$ y $\vec{v}$, probar que se satisface la relación:

$$\gamma(w) = \gamma(u)\gamma(v)\left[1 + \vec{v}\cdot\vec{u}/c^2\right],$$

donde $\gamma(u) = 1/\sqrt{1 - \vec{u}\cdot\vec{u}/c^2}$ y $\gamma(v) = 1/\sqrt{1 - \vec{v}\cdot\vec{v}/c^2}$ es el factor de Lorentz para u y v, respectivamente.

Capítulo 7

Cinemática relativista

7.1. Coordenadas cartesianas en 4D

En el espacio-tiempo de Minkowski, las tres dimensiones espaciales
y el tiempo se unifican a través de un sistema de coordenadas en cuatro
dimensiones (4D) cuyas componentes son:

$$\{\, x^\mu \,\} = \{\, ct,\, \vec{x} \,\} = \{\, ct,\, x,\, y,\, z \,\} = \{\, x^0,\, x^1,\, x^2,\, x^3 \,\}$$

La distancia invariante:

Como consecuencia de la dilatación del tiempo tenemos $d\tau = dt/\gamma =$
$dt\sqrt{1 - \vec{v}^2/c^2}$; elevando al cuadrado nos queda $d\tau^2 = dt^2 - d\vec{x}\cdot d\vec{x}/c^2$ que
representa el teorema de Pitágoras para una geometría no euclidiana:

$$ds^2 = c^2 d\tau^2 \overset{*}{=} c^2 dt^2 - dx^2 - dy^2 - dz^2 \overset{*}{=} \eta_{\mu\nu}\, dx^\mu\, dx^\nu,$$

donde $\eta_{\mu\nu} \equiv \operatorname{diag}(\, 1,\, -1,\, -1,\, -1\,)$ es una métrica simétrica y diagonal.

Aquí y en lo siguiente, haremos uso de la "convención de Einstein",
en la cual, la repetición de dos índices significa la sumatoria sobre ellos,
por ejemplo:

$$a_\mu\, b^\mu = \sum_{\mu=0}^{3} a_\mu\, b^\mu.$$

El tiempo propio:

Se define la distancia temporal como:

$$d\tau \equiv \frac{ds}{c} = \sqrt{dt^2 - \frac{dx^2 + dy^2 + dz^2}{c^2}}$$

la cual es invariante a las transformaciones de Lorentz. Entonces,

$$d\tau = \sqrt{dt^2 \left(1 - \vec{\beta}^2\right)} = \frac{dt}{\gamma(v)}, \quad \vec{\beta} \equiv \frac{d\vec{x}}{cdt} = \frac{\vec{v}}{c}$$

donde $\gamma(v) = \left(1 - \vec{v} \cdot \vec{v}/c^2\right)^{-1/2}$ es el factor de Lorentz y $\beta = |\vec{\beta}|$ es un vector adimensional que es la razón entre la velocidad de la partícula y la de la luz.

La dilatación del tiempo:

Como el factor de Lorentz $\gamma(v) \geqslant 1$ siempre, obtenemos la desigualdad entre el tiempo y el tiempo propio:

$$dt = \gamma(v)\, d\tau \geqq d\tau.$$

El efecto de la dilatación es *simétrico* ante un intercambio de dos marcos inerciales I e I' con velocidades $\vec{v}$ y $\vec{v}' = -\vec{v}$ opuestas.

7.2. Velocidad en 4D

Definimos:

$$u^\mu \equiv \frac{dx^\mu}{d\tau} = \frac{dx^\mu}{dt}\frac{dt}{d\tau} = \frac{dx^\mu}{dt}\frac{1}{\sqrt{1 - \beta^2}}.$$

El cuadri-vector u^μ representa la velocidad relativista y es un vector de Lorentz. Como estas coordenadas transforman bajo el grupo de Lorentz, u^μ se transforma de la misma manera que dx^μ, es decir, de $dx'^\mu = \Lambda^\mu_\gamma dx^\gamma$ resulta $u'^\mu = \Lambda^\mu_\gamma u^\gamma$, ya que $d\tau' = d\tau$ es una invariante.

Las componentes de u^μ son:

$$u^\mu : \begin{cases} u^0 = \dfrac{c}{\sqrt{1-\beta^2}}, & u^1 = \dfrac{v_x}{\sqrt{1-\beta^2}} \\[4mm] u^2 = \dfrac{v_y}{\sqrt{1-\beta^2}}, & u^3 = \dfrac{v_z}{\sqrt{1-\beta^2}}. \end{cases}$$

De una manera más compacta podemos escribir:

$$u^\mu = \gamma \left\{ c, \vec{v} \right\}.$$

En el reposo tenemos que $u^\mu = (c,0,0,0)$ que está en la dirección del eje temporal.

Invariante cuadrática

Usando la métrica $\eta_{\mu\nu}$ de Minkowski, obtenemos:

$$\eta_{\mu\nu}\, u^\mu\, u^\nu = \frac{c^2}{1-\beta^2} - \frac{\vec{v} \cdot \vec{v}}{1-\beta^2} = c^2,$$

como c es una constante en cualquier sistema inercial, tenemos una relación cuadrática invariante a tranformaciones de Lorentz. Así también, el módulo de dicha velocidad es constante, $|u| = \sqrt{u_\mu u^\mu} = c$, donde $u_\mu \equiv \eta_{\mu\nu}\, u^\nu$. Por tanto, la "relatividad especial" es más bien una teoría invariante al grupo de Lorentz.

Para el límite "infrarojo", es decir, cuando $\beta \to 0$ obtenemos $u^\mu = \{c,0\}$, el límite newtoniano corresponde a $c \to \infty$.

7.3. La aceleración relativista

Definimos el cuadri-vector de aceleración como:

$$a^\mu \equiv \frac{du^\mu}{d\tau} = \frac{du^\mu}{dt}\frac{dt}{d\tau} = \frac{du^\mu}{dt}\frac{1}{\sqrt{1-\beta^2}}.$$

En vista de que

$$\dot{\gamma} \equiv \frac{d\gamma}{dt} = \left(1 - \beta^2\right)^{-3/2} \vec{\beta} \cdot \frac{d\vec{\beta}}{dt}$$

$$= \gamma^3 \vec{\beta} \cdot \frac{d\vec{\beta}}{dt},$$

y de que la derivada de el valor absoluto de la velocidad relativa es:

$$\frac{d|\vec{v}|}{dt} = \frac{d\left(\sqrt{v_x^2 + v_y^2 + v_z^2}\right)}{dt} = \frac{d\left(\sqrt{\vec{v} \cdot \vec{v}}\right)}{dt} = \frac{1}{|\vec{v}|}\left(\vec{v} \cdot \frac{d\vec{v}}{dt}\right),$$

obtenemos así para las componentes cartesianas de la aceleración las siguientes expresiones:

$$a^0 = \frac{\vec{v} \cdot \vec{a}}{c\left(1 - \beta^2\right)^2}, \qquad\qquad a^1 = \frac{dv_x/dt}{1 - \beta^2} + \frac{v_x\left(\vec{v} \cdot \vec{a}\right)}{c^2\left(1 - \beta^2\right)^2}$$

$$a^2 = \frac{dv_y/dt}{1 - \beta^2} + \frac{v_y\left(\vec{v} \cdot \vec{a}\right)}{c^2\left(1 - \beta^2\right)^2}, \qquad a^3 = \frac{dv_z/dt}{1 - \beta^2} + \frac{v_z\left(\vec{v} \cdot \vec{a}\right)}{c^2\left(1 - \beta^2\right)^2}$$

donde $\vec{a} = d\vec{v}/dt$ es la aceleración de la formulación newtoniana. En forma más compacta:

$$a^\mu = \gamma\left\{c\frac{d\gamma}{dt}, \frac{d\gamma}{dt}\vec{v} + \gamma\vec{a}\right\}$$

$$= \gamma^2\left\{\gamma^2\vec{\beta} \cdot \vec{a}, \ \vec{a} + \gamma^2\left(\vec{\beta} \cdot \vec{a}\right)\vec{\beta}\right\}.$$

En un marco de referencia comóvil, donde $\vec{\beta} = 0$, resulta $a^\mu = \{0, \vec{a}\}$ que coincide con la aceleración newtoniana.

Como

$$\eta_{\mu\nu}\, a^\mu\, a^\nu = -\left[c^2\, \dot{\gamma}^2 + \gamma^4\, \vec{a} \cdot \vec{a}\right] \leqslant 0,$$

la aceleración es siempre un vector espacial. De la relación $\eta_{\mu\nu}\, u^\mu\, u^\nu = c^2$ y su derivada:

$$\frac{d}{d\tau}\left(\eta_{\mu\nu}\, u^\mu\, u^\nu\right) = 0 = 2\,\eta_{\mu\nu}\,\frac{du^\mu}{d\tau}\, u^\nu = 2\,\eta_{\mu\nu}\, a^\mu\, u^\nu,$$

podemos deducir que en relatividad especial la aceleración a^μ es siempre "perpendicular" a la velocidad u^ν en 4D.

Por el principio de equivalencia, la aceleración y la gravitación son localmente indistintas en la Relatividad General (el famoso "elevador de Einstein" ó "microgravitación" en una nave espacial). Este principio se ha comprobado experimentalmente al medir, por "lunar ranging", con mucha precisión la distancia a la luna (Williams, et al. 2012).

7.4. Impulso relativista

En analogía con la mecánica newtoniana, donde $\vec{p} \cong m\vec{v}$ es el ímpetu, definimos el impulso relativista para una partícula libre como:

$$p^\mu \equiv m\left\{u^\mu\right\}$$

donde m es la masa invariante.

Sus componentes son:

$$\vec{p} \equiv \left(p^1,\, p^2,\, p^3\right) = \frac{m\vec{v}}{\sqrt{1-\beta^2}} = m\gamma\vec{v}$$

es decir, el ímpetu relativista, y

$$p^0 = mu^0 = \frac{mc}{\sqrt{1-\beta^2}} = \frac{1}{c}E$$

que es proporcional a la energía E, donde el factor $1/c$ es necesario por la unidad física de la energía que de acuerdo con el SI es el joule $(1\,\mathrm{J} \equiv 1\,\mathrm{kg}\,\mathrm{m}^2/\mathrm{s}^2)$.

7.5. Invariante cuadrático del impulso

Igual que la velocidad en 4D, definimos el momento cuadrado:

$$
\begin{aligned}
\frac{E^2}{c^2} - \vec{p}\cdot\vec{p} &= \eta_{\mu\nu}\,p^\mu\,p^\nu \\
&= m^2\eta_{\mu\nu}\,u^\mu\,u^\nu \\
&= m^2c^2
\end{aligned}
$$

el cual es independiente del marco inercial. Entonces es invariante a las transformaciones de Lorentz ya que la velocidad de la luz c es una constante y la masa m también, pues es una característica invariante de cualquier partícula. El concepto de "masa relativista" lleva a una contradicción, veáse Okun (1989). Algunos intentos de cuantizar la gravitación llevan a términos adicionales en esta relación de dispersión. Sin embargo, violan la invariancia de Lorentz y no están comprobados, veáse Pospelov and Romalis (2004). Despejando en la fórmula anterior la energía, obtenemos la relación de Einstein:

$$\boxed{E = \pm c \sqrt{\vec{p}^2 + m^2 c^2}}$$

de donde podemos ver que $E \neq mc^2$.

Por convención el signo positivo se reserva a una partícula y el signo opuesto corresponde a su antipartícula. En la interpretación de Stueckelberg-Feynman la energía es positiva, sin embargo hay una reflexión T del tiempo y un cambio C de carga, entonces hay pares como el electrón y el positrón. En 2010 se observó por primera vez un núcleo entero de la anti-materia del Helium-4, compuesto de 2 antiprotones y 2 antineutrones. (STAR Collaboration, 2011).

Casos especiales para E:

a) Fotón[1], $m = 0$, $E = cp = c|\vec{p}|$.

b) Energía en reposo, $|\vec{p}| = 0 \Rightarrow$

---

[1]En medios con índice de refracción n hay una controversia, $E_M = n\,cp = n^2\,E_A$, entre Minkowski y Abraham con respecto a la formulación correcta para fotones. Para el vacío, es decir cuando $n = 1$ ambas fórmulas coinciden, véase Barnett (2010).

$$\boxed{E_0 = mc^2}$$

En la mecánica cuántica hacemos la sustitución de E y $\vec{p}$ por los operadores $E \to i\hbar\partial/\partial t$ y $\vec{p} \to -i\hbar\vec{\nabla}$ actuando sobre la función φ de onda. La invariante cuadrática se convierte en la ecuación de Klein-Gordon

$$\Box\varphi + \frac{m^2 c^2}{\hbar^2}\varphi = 0$$

donde $\Box = \dfrac{\partial^2}{c^2\partial t^2} - \vec{\nabla}\cdot\vec{\nabla}$ es el operador de onda en 4D. Para los fotones la masa es $m = 0$, en este caso hay una discontinuidad en la desviación gravitatoria de los rayos cerca del sol, la cual no se ha observado. Veáse Goldhaber y Nieto (2010).

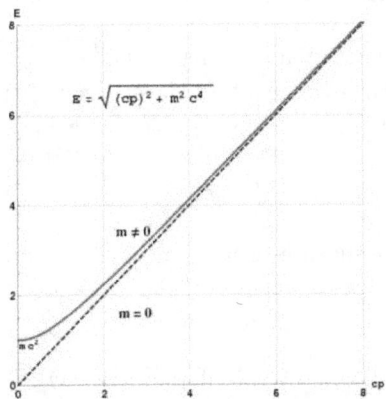

Figura 7.1: Energía relativista y la "concha de masa" ó "mass shell" para m$\neq$ 0.

7.6. Correcciones relativistas a la energía

Si sustituimos la fórmula relativista $\vec{p} = m\vec{v}/\sqrt{1-\beta^2}$ para el ímpetu en la de la energía, obtenemos una fórmula equivalente para esta última:

$$E = mc^2 \sqrt{\frac{\beta^2}{1-\beta^2} + 1} = \frac{mc^2}{\sqrt{1-\beta^2}} = mc^2\gamma.$$

Para velocidades pequeñas y por tanto para $v \ll c$ podemos desarrollar la fórmula anterior en serie de potencias (John Wallis) o de Taylor:

$$E \approx mc^2 + \frac{1}{2}mv^2 + \frac{3}{8}mv^2\left(\frac{v}{c}\right)^2 + \frac{5}{16}mv^2\left(\frac{v}{c}\right)^4 + \cdots$$

que, intuitivamente, corresponde a:

$E \approx$ **energía en reposo + energía cinética + correcciones relativistas**

La energía cinética puede desarrollarse como

$$E_{\text{cinética}} \equiv E - E_0 \approx \frac{1}{2}mv^2\left[1 + \frac{3}{4}\beta^2 + \frac{5}{8}\beta^4 + \cdots\right].$$

donde el factor común resulta familiar de la mecánica newtoniana.

7.7. Ecuaciones de movimiento relativistas

En la mecánica newtoniana la fuerza puede obtenerse por la derivada temporal del ímpetu lineal $\vec{F} \equiv d\vec{p}/dt$, es decir, por la segunda ley de Newton. De la misma manera podemos definir la fuerza de Minkowski como:

$$K^\mu \equiv \frac{d}{d\tau}p^\mu = \frac{d}{d\tau}\left(mu^\mu\right).$$

Y en vista de que la masa es una invariante, nos queda:

$$K^\mu = ma^\mu,$$

donde K^μ es el cuadri-vector de fuerza de Minkowski, $u^\mu = \{c/\sqrt{1-\beta^2}, \vec{v}/\sqrt{1-\beta^2}\}$ la velocidad en 4D y $a^\mu = du^\mu/d\tau$ es la aceleración relativista.

Entonces las componentes espaciales con $i = 1, 2, 3$ son:

$$m\frac{du^i}{d\tau} = m\frac{du^i}{dt}\frac{dt}{d\tau} = \frac{m}{\sqrt{1-\beta^2}}\frac{d\left(v^i/\sqrt{1-\beta^2}\right)}{dt} = K^i$$

ó en forma vectorial,

$$\frac{d}{dt}\left(\frac{m\vec{v}}{\sqrt{1-\beta^2}}\right) = \vec{K}\sqrt{1-\beta^2} \equiv \vec{F}.$$

En la relatividad, la fuerza se obtiene al derivar la relación relativista $\vec{p} = m\gamma\vec{v}$ y usando el hecho de que la masa de una partícula es un invariante, por lo tanto resulta:

$$\begin{aligned}
\vec{F} \equiv \frac{d\vec{p}}{dt} &= m\left(\gamma\vec{a} + \dot{\gamma}\vec{v}\right) \\
&= m\left[\gamma\vec{a} + \gamma^3\left(\vec{a}\cdot\vec{\beta}\right)\vec{\beta}\right] \\
&= m\gamma\left[\vec{a} + \gamma^2\frac{\vec{v}\cdot\vec{a}}{c^2}\vec{v}\right]
\end{aligned}$$

Casos especiales para $\vec{F}$:

a) $\vec{F}\perp\vec{v} \Rightarrow \vec{a} = \dfrac{\vec{F}}{m\gamma}$ donde $m_t = m\gamma$ es, algunas veces denominada "masa transversal".

b) $\vec{F}\parallel\vec{v} \Rightarrow \vec{a} = \dfrac{\vec{F}}{m\gamma}\left(1-\vec{\beta}\cdot\vec{\beta}\right) = \dfrac{\vec{F}}{m\gamma^3}$ donde $m_\parallel = m\gamma^3$ es, a veces, denominada "masa longitudinal". No obstante, el único concepto correcto es el de la masa invariante.

Entonces, podemos escribir estos casos en forma matricial como:

$$\begin{pmatrix} F_\parallel \\ F_\perp \end{pmatrix} = m\begin{pmatrix} \gamma^3 & 0 \\ 0 & \gamma \end{pmatrix}\begin{pmatrix} a_\parallel \\ a_\perp \end{pmatrix},$$

estos son los únicos casos donde la fuerza es proporcional a la aceleración.

Vamos a comprobar la descomposición:

$$ma^\mu = K^\mu \iff \left(\begin{array}{c} \dfrac{dE}{dt} = \vec{F} \cdot \vec{v} \\[3mm] \dfrac{d\vec{p}}{dt} = \vec{F} \end{array} \right).$$

Al derivar el invariante $\eta_{\mu\nu} p^\mu p^\nu = m^2 c^2$ con respecto del tiempo propio τ, vemos que la fuerza K^μ es también perpendicular a la velocidad,

$$\eta_{\mu\nu} K^\mu p^\nu = 0 = K^0 p^0 - \vec{K} \cdot \vec{p}.$$

Si despejamos K^0, obtenemos

$$K^0 = \frac{1}{p_0} \vec{K} \cdot \vec{p} = \frac{c}{E} \vec{K} \cdot \vec{p} = \frac{1}{c} \frac{\vec{F} \cdot \vec{v}}{\sqrt{1 - \beta^2}} = \frac{\gamma}{c} \vec{F} \cdot \vec{v}.$$

Entonces la fuerza de Minkowski tiene las siguientes componentes:

$$\{K^\mu\} = \left\{ \frac{1}{c} \frac{\vec{F} \cdot \vec{v}}{\sqrt{1 - \beta^2}}, \frac{\vec{F}}{\sqrt{1 - \beta^2}} \right\} = \gamma \left\{ \vec{F} \cdot \vec{\beta}, \ \vec{F} \right\}.$$

Para la componente temporal resulta, por definición:

$$K^0 = m \frac{d \left(c / \sqrt{1 - \beta^2} \right)}{d\tau} = \frac{1}{c} \frac{\vec{F} \cdot \vec{v}}{\sqrt{1 - \beta^2}}$$

ó

$$\frac{d}{dt} \left(\frac{mc^2}{\sqrt{1 - \beta^2}} \right) = \vec{F} \cdot \vec{v}$$

donde $E = \dfrac{mc^2}{\sqrt{1 - \beta^2}}$ es la forma equivalente de la energía relativista. Entonces podemos identificar:

$$\begin{aligned} \vec{K} &= \gamma \vec{F} \\ \vec{p} &= \gamma m \vec{v}. \end{aligned}$$

como hemos anticipado en el desarrollo anterior.

Si hacemos el producto escalar vectorial, $\vec{F} \cdot \vec{\beta}$, se puede demostrar que:

$$\vec{a} = \frac{\vec{F} - \left(\vec{F} \cdot \vec{\beta}\right)\vec{\beta}}{m\gamma}.$$

Es importante observar que la aceleración no es siempre paralela a la fuerza, como estamos acostumbrados de la mecánica newtoniana. Sólo en el límite cuando $\beta \to 0$, lo cual implica $\gamma \to 1$ es cuando se obtiene la fórmula de Newton para la fuerza.

En la relatividad el momento angular es un tensor como:

$$L^{\mu\nu} \equiv x^{\mu}p^{\nu} - x^{\nu}p^{\mu}.$$

El cual es anti-simétrico, donde su derivada temporal

$$\begin{aligned} M^{\mu\nu} &\equiv \frac{\partial L^{\mu\nu}}{\partial \tau} \\ &= x^{\mu}K^{\nu} - x^{\nu}K^{\mu} \end{aligned}$$

está dada por la fuerza K^{μ} de Minkowski.

7.8. Velocidad de grupo de una partícula

Albert Einstein explicó por primera vez la dualidad entre onda y partícula de la luz en 1905. Louis de Broglie propuso la hipótesis de que cualquier partícula también debe mostrar una dualidad. La velocidad de una partícula, concluyó entonces (pero puede ser cuestionado hoy en día), siempre debe ser igual a la velocidad de grupo de la onda correspondiente. De Broglie deduce que si las ecuaciones de la dualidad ya conocida por la luz son las mismas para cualquier partícula, entonces su hipótesis se mantendría.

Definimos

$$v_g = \frac{\partial \omega}{\partial k} = \frac{\partial (E/\hbar)}{\partial (p/\hbar)} = \frac{\partial E}{\partial p}$$

donde E es la energía total de la partícula, p es el impulso y $\hbar$ es la constante de Planck reducida.

En la relatividad especial nos encontramos con que

$$v_g = \frac{\partial E}{\partial p} = \frac{\partial}{\partial p}\left(\sqrt{p^2 c^2 + m^2 c^4}\right)$$

$$= \frac{1}{2}\frac{2pc^2}{\sqrt{p^2 c^2 + m^2 c^4}}$$

$$= \frac{p}{m\sqrt{(p/mc)^2 + 1}}.$$

Si sustituimos $p = mv\gamma$, llegamos a

$$v_g = \frac{mv\gamma}{m\gamma} = v.$$

donde m es la masa de la partícula, c es la velocidad de la luz en el vacío, $\gamma(v) = 1/\sqrt{1 - v^2/c^2}$ es el factor de Lorentz y v es la velocidad de la partícula independientemente del comportamiento de las ondas.

En el límite no-relativista obtenemos de la misma manera para una partícula libre con energía cinética $p^2/2m$

$$v_g = \frac{\partial E}{\partial p} \simeq \frac{\partial}{\partial p}\left(\frac{1}{2}\frac{p^2}{m}\right)$$

$$= \frac{p}{m} = v.$$

Para un fotón de $E = pc$ en el vacío resulta el limite ultra-relativista $v_g = \frac{\partial E}{\partial p} = c$, como es de esperarse.

7.8.1. Tareas:

1. Muestre que $\vec{F}\cdot\vec{\beta} = m\gamma^3\vec{a}\cdot\vec{\beta}$ usando que $\gamma^2 - 1 = \gamma^2\vec{\beta}\cdot\vec{\beta}$. Calcule la diferencia $\vec{F} - \left(\vec{F}\cdot\vec{\beta}\right)\vec{\beta}$ y utilice el resultado anterior para mostrar la fórmula:

$$\vec{a} = \frac{\vec{F} - \left(\vec{F}\cdot\vec{v}\right)\vec{v}/c^2}{\gamma m}.$$

2. Para velocidades y aceleraciones coliniales, i.e., $\vec{v}\cdot\vec{a} = |\vec{v}||\vec{a}|$, demuestre que:

$$F = |\vec{F}| = m\gamma^3 a$$

donde $a = \sqrt{\vec{a}\cdot\vec{a}}$ es el valor absoluto de $\vec{a}$.

Capítulo 8

Billar relativista

8.1. Choque de dos partículas.

Consideremos primero el choque elástico de dos partículas[1] en un plano bidimensional (mesa de billar) de la misma masa m. Antes del choque, la partícula 2 está en reposo con respecto al marco de referencia del laboratorio. Por tanto, las partículas tendrían los siguientes valores para el ímpetu y la energía:

$$1 : E \text{ y } \vec{p} \qquad y \qquad 2 : E_0 = mc^2 \text{ y } \vec{p}_0 = 0.$$

Después del choque, los valores serían:

$$1 : E_1 \text{ y } \vec{p_1} \qquad y \qquad 2 : E_2 \text{ y } \vec{p_2}.$$

Por otro lado, si no existen fuerzas externas se satisface:

$$\frac{d}{d\tau} p^\mu = 0,$$

que se conoce como la *ley de conservación del ímpetu relativista ó cuadrivectorial*. En nuestro marco de referencia de laboratorio, esto significa que,

$$p_1{}^\mu + p_2{}^\mu = \bar{p}_1{}^\mu + \bar{p}_2{}^\mu \qquad \begin{cases} E + E_0 = E_1 + E_2 \\ \\ \vec{p} + \vec{0} = \vec{p}_1 + \vec{p}_2 \end{cases}$$

---

[1] Sin considerar una estructura interna como de espín o de helícidad.

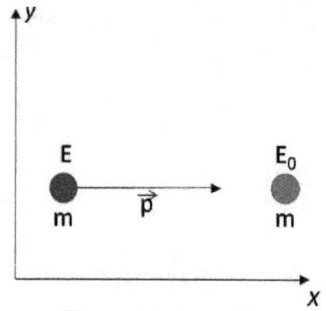
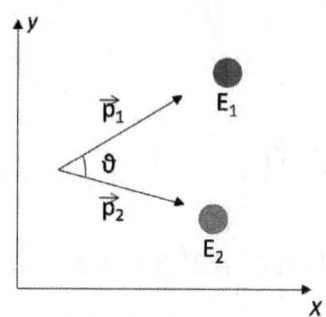

Figura 8.1: Antes del choque.　　　Figura 8.2: Después del choque.

Ahora aplicamos la invariancia del ímpetu cuadrado inicial para las dos partículas:

$$\eta_{\mu\nu}p^{\mu}p^{\nu} = p_{\mu}p^{\mu} = m^2c^2 \quad y \quad \bar{p}_{\mu}\bar{p}^{\mu} = m^2c^2.$$

Entonces el ímpetu final satisface,

$$p_{1\mu}p_2^{\mu} = \bar{p}_{1\mu}\bar{p}_2^{\mu}$$

lo cual implica que,

$$E^2 = c^2(\vec{p}\cdot\vec{p} + m^2c^2) \quad \Rightarrow \quad |\vec{p}| = \frac{1}{c}\sqrt{E^2 - E_0^2}.$$

De la misma manera podemos escribir

$$|\vec{p}_1| = \frac{1}{c}\sqrt{E_1^2 - E_0^2} \quad y \quad |\vec{p}_2| = \frac{1}{c}\sqrt{E_2^2 - E_0^2}.$$

Geométricamente podemos utilizar para los valores absolutos $|\vec{p}| = p$ la fórmula de los cosenos:

$$p^2 = p_1^2 + p_2^2 - 2p_1p_2\cos(\pi - \vartheta) = p_1^2 + p_2^2 + 2p_1p_2\cos\vartheta.$$

Al sustituir los valores de p^2, p_1^2, y p_2^2 nos queda

$$\frac{1}{c^2}\left(E^2 - E_0^2\right) = \frac{1}{c^2}\left(E_1^2 - E_0^2\right) + \frac{1}{c^2}\left(E_2^2 - E_0^2\right) + 2p_1p_2\cos\vartheta$$

y después de la adición del término $2m^2c^2 = 2E_0^2/c^2$ a ambos lados, tenemos

$$\frac{E^2}{c^2} + \frac{E_0^2}{c^2} = \frac{E_1^2}{c^2} + \frac{E_2^2}{c^2} + 2p_1p_2\cos\vartheta.$$

116

Despejamos el ángulo

$$\cos \vartheta = \frac{E^2 + E_0^2 - E_1^2 - E_2^2}{2 p_1 p_2 c^2},$$

eliminamos E_2 y los momentos p_1 y p_2 con ayuda de las relaciones algebraicas:

$$
\begin{aligned}
E_2 &= E + E_0 - E_1 \\
E^2 + E_0^2 - E_1^2 - E_2^2 &= 2\,(E - E_1)\,(E - E_0) \\
p_1 = \frac{1}{c}\sqrt{E_1^2 - E_0^2} &= \frac{1}{c}\sqrt{(E_1 - E_0)\,(E_1 + E_0)} \\
p_2 = \frac{1}{c}\sqrt{E_2^2 - E_0^2} &= \frac{1}{c}\sqrt{(E - E_1)\,(E - E_1 + 2E_0)}
\end{aligned}
$$

y resulta

$$\cos \vartheta = \frac{1}{\sqrt{\left(1 + \dfrac{2E_0}{E_1 - E_0}\right)\left(1 + \dfrac{2E_0}{E - E_1}\right)}} < 1.$$

Observamos que los vectores de momento se ubican en una elipse con los ejes principales:

$$a = \frac{p}{2} \quad \text{y} \quad b = \frac{p}{\sqrt{2\left(1 + \frac{E}{E_0}\right)}} \leq \frac{p}{2}$$

para $E \geq E_0$. Debido a que $E \geq E_1 \geq E_0$ obtenemos el rango

$$\vartheta_{min} < \vartheta \leq \pi/2$$

para $v \ll c$. En el límite cuando $c \to \infty$ obtenemos $\cos \vartheta \to 0$, lo cual implica que $\vartheta \to \pi/2$.

Caso límite: Para el límite no-relativista, i.e., $v \ll c$ tenemos $E \approx E_0$ y la elipse para los vectores de los momentos degenera al circulo de Thales[2] con $\vartheta = \pi/2$, como todos los jugadores de billar saben.

---

[2]Thales de Mileto (624-546 a.C.) es considerado como el padre de la geometría deductiva. El teorema de Thales dice que "Todo ángulo inscrito en una semicircunferencia es un ángulo recto."

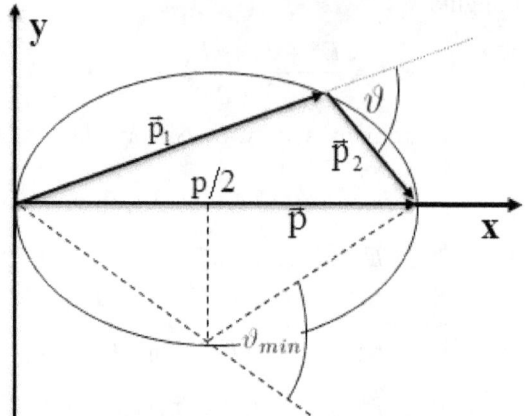

Figura 8.3: Diagrama de la cinemática $\vec{p} = \vec{p_1} + \vec{p_2}$ (Ruder 1993).

Para $p_1 = p_2$ podemos escribir

$$\tan \frac{\vartheta_{min}}{2} = \sqrt{\frac{2}{\left(1 + \frac{E}{E_0}\right)}}.$$

8.1.1. Colisión elástica central

El billar relativista se "juega" en los aceleradores de partículas, como los del CERN (en Ginebra), donde se producen a diario choques centrales entre electrones y/o protones. Estos problemas relativistas sobre colisiones se resuelven más fácilmente cuando usamos la constante del momento total:

$$\bar{p} = \sum p_i = \text{constante}.$$

La constancia de la parte tridimensional del cuadri-vector momento es la generalización de la conservación del momento newtoniano, mientras que la constancia de la cuarta componente o componente temporal es la generalización relativista de la conservación de la energía.

Ahora, supongamos que inicialmente dos partículas de masa M y m tienen cuadri-vectores de momento:

$$p = M\gamma(u)[\,c, \vec{u}\,] \quad y \quad q = m\gamma(w)[\,c, \vec{w}\,].$$

118

Después de una colisión elástica entre ellas, sabemos, por definición, que el número de partículas y sus respectivas masas no cambian. Por tanto, y usando que la suma $\bar{p}$ es constante, tenemos

$$p + q = p' + q'$$

ó equivalentemente,

$$M\gamma(u)[\,c, \vec{u}\,] + m\gamma(w)[c, \vec{w}] = M\gamma(u')[\,c, \vec{u}\,'] + m\gamma(w')[\,c, \vec{w}\,']$$

donde las letras primadas representan las cantidades después de la colisión.

Elevando al cuadrado ambos lados y considerando que la relación $p^2 = p'^2 = M^2 c^2$ se cumple también para q, encontramos:

$$p{\cdot}q = p'{\cdot}q' = p_t q_t - p_x q_x - p_y q_y - p_z q_z.$$

Para calcular esta invariante podemos usar cualquier sistema de referencia, si consideramos a M como una bala y a m como el blanco de tiro, resulta natural elegir el marco de referencia de m (sistema de laboratorio) donde $\vec{w} = 0$. Por tanto,

$$p{\cdot}q = p'{\cdot}q' = Mm\gamma(u)c^2.$$

Sin embargo, ya que este valor debe ser el mismo después de la colisión, nos damos cuenta de que la norma de la velocidad o valor absoluto de u debe ser invariante. La magnitud $u = |\vec{u}|$ se conoce como la *velocidad relativa* y es el valor absoluto de la velocidad de una de las partículas con respecto al sistema de referencia de la otra. Este es el resultado más importante en la colisión elástica de dos partículas: la norma de la velocidad relativa no cambia, es decir, el vector de velocidad relativa puede cambiar de dirección pero no su magnitud.

Ahora estudiaremos el caso particular de una colisión central donde ambas velocidades están a lo largo de la línea que las une, por ejemplo, el eje x. Primero calculamos el cuadri-vector de momento total en el sitema de referencia I de m y obtenemos,

$$\bar{p} = p + q = [M\gamma(u)u, 0, 0, (M\gamma(u) + m)c]\,.$$

En I' donde M está en reposo, el cuadri-vector de momento total es:

$$\bar{p}' = [m\gamma(u)u,\ 0,\ 0,\ (M + m\gamma(u))c]\,;$$

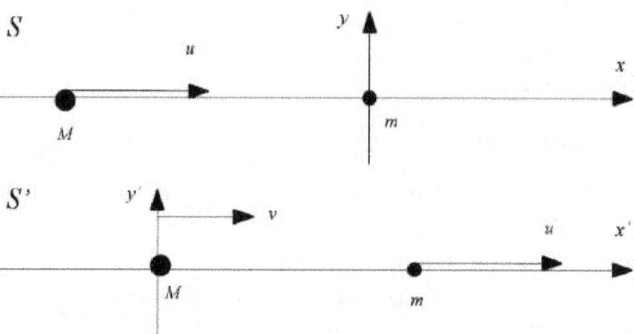

Figura 8.4: Representación antes y después de la colisión. Antes de la colisión el sistema es visto en I y después de ésta es visto en I'. La velocidad v en I' es la velocidad de M después de la colisión.

La velocidad v de I' con respecto a I debe ser la velocidad de M después de la colisión. Los momentos $\bar{p}$ y $\bar{p}'$ no son iguales, ya que tienen diferentes sistemas de referencia, no obstante, se relacionan mediante las transformaciones de Lorentz, lo que nos da

$$m\gamma(u)u = \gamma(v)\left(M\gamma(u)u - \frac{v}{c}(M\gamma(u) + m)c\right)$$

para la componente p'_x y

$$(M + m\gamma(u))c = \gamma(v)\left((M\gamma(u) + m)c - \frac{v}{c}M\gamma(u)u\right)$$

para la componente p'_t.

Para encontrar la velocidad v de M después de la colisión, combinamos las ecuaciones de arriba y eliminamos el factor de Lorentz $\gamma(v)$ para obetener la siguiente ecuación lineal:

$$m\gamma u\left((M\gamma + m)c - \frac{v}{c}M\gamma u\right) = (M + m\gamma)c(M\gamma u - v(M\gamma + m)).$$

donde $\gamma \equiv \gamma(u)$ es ahora solamente una función de u. Dependiendo de si $M > m$ o no, la bala continuará su camino o de lo contrario, retrocederá. Resolviendo para v, tenemos:

$$v = v(u) = \frac{(M^2 - m^2)u}{M^2 + m^2 + 2Mm/\gamma(u)}.$$

El caso no relativista se obtiene haciendo $\gamma(u) = 1$ que nos da:

$$v_N(u) = \frac{M - m}{M + m} u$$

el cual es conocido de la mecánica Newtoniana. Si hacemos $u \to c$ tenemos,

$$v(c) = \frac{M^2 - m^2}{M^2 + m^2} c.$$

que es el límite ultra-relativista.

Y el cociente de estas dos últimas ecuaciones nos da (Essén, 2002):

$$
\begin{aligned}
\frac{v_N}{v(c)} &= \frac{(M - m)(M^2 + m^2)}{(M + m)(M^2 - m^2)} \frac{u}{c} \\
&= \frac{M^2 + m^2}{(M + m)^2} \frac{u}{c} \\
&\simeq \frac{1}{2} \frac{u}{c}.
\end{aligned}
$$

para $M \simeq m$, como en el caso de los protones y los neutrones. Entonces la velocidad ultra-relativista es el doble que la de Newton para partículas de la misma masa.

8.2. Las variables Mandelstam

Ahora consideremos dos partículas de masa m_1 y m_2 de cualquier tipo y la colisión entre ellas:

Todas las invariantes de Lorentz de las combinaciones de los cuadrivectores de momentos entrantes o salientes, p_1^μ, p_2^μ, p_3^μ y p_4^μ pueden ser expresados en términos de las variables de Mandelstam

$$
\begin{aligned}
s &\equiv (p_1 + p_2)^2 = (p_3 + p_4)^2 \\
t &\equiv (p_1 - p_3)^2 = (p_4 - p_2)^2 \\
u &\equiv (p_1 - p_4)^2 = (p_3 - p_2)^2
\end{aligned}
$$

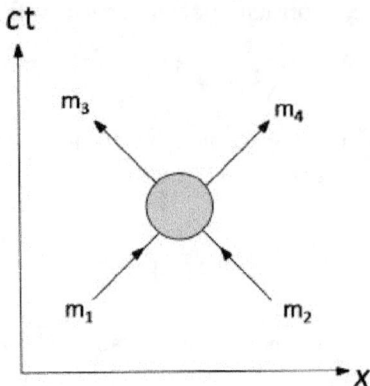

Figura 8.5: Colisión de dos partículas de masas m_1 y m_2.

donde $p \equiv \eta_{\mu\nu} p^\mu p^\nu$ es una invariante a las transformaciones de Lorentz. Sin embargo, sólo dos de estas tres variables son independientes pues para la suma de los momentos se satisface:

$$s + t + u = \left[m_1^2 + m_2^2 + m_3^2 + m_4^2\right] c^2.$$

El momento total en la colisión "entra" en la variable "s" y la transferencia del 4-momentum tiene su correspondencia en la variable t.

En términos de las variables de Mandelstam, los productos $p_i \cdot p_j \equiv \eta_{\mu\nu} p_i^\mu p_j^\nu$ de Lorentz de los 4-momentos están dados por:

$$
\begin{aligned}
2(p_1 \cdot p_2) &= s - m_1^2 c^2 - m_2^2 c^2, \\
2(p_3 \cdot p_4) &= s - m_3^2 c^2 - m_4^2 c^2, \\
2(p_1 \cdot p_3) &= m_1^2 c^2 + m_3^2 c^2 - t, \\
2(p_2 \cdot p_3) &= m_2^2 c^2 + m_4^2 c^2 - t, \\
2(p_1 \cdot p_4) &= m_1^2 c^2 + m_4^2 c^2 - u, \\
2(p_2 \cdot p_3) &= m_2^2 c^2 + m_3^2 c^2 - u.
\end{aligned}
$$

La termodinámica relativista esta formulado usando promedios sobre el cono de luz, véase Dunkel et al. (2009).

Las variables de Maldestam se han usado también en la ecuación de Boltzmann relativista, véase Strain (2010).

En el caso de la interacción de dos partículas de momentos p_1 y p_2 y masas m_1 y m_2 las cuales se transforman en partículas de momentos p_3 y p_4 y masas nales m_3 y m_4 al colisionar, las invariantes de Lorentz en las variables de Mandelstam se reescriben para $c = 1$ como:

$$
\begin{aligned}
s &= m_1^2 + 2E_1E_2 - 2\vec{p_1} \cdot \vec{p_2} + m_2^2 \\
t &= m_1^2 - 2E_1E_1 + 2\vec{p_1} \cdot \vec{p_1} + m_1^2 \\
u &= m_1^2 - 2E_1E_4 + 2\vec{p_1} \cdot \vec{p_4} + m_4^2
\end{aligned}
$$

y satisfacen,

$$
s + t + u = \left[m_1^2 + m_2^2 + m_3^2 + m_4^2 \right] c^2.
$$

La sección transversal de los dos cuerpos pues escribirse como

$$
\frac{d\sigma}{dt} = \frac{1}{64\pi s} \frac{1}{|\vec{p}_{1\mathrm{CM}}|^2} |\mathcal{M}|^2
$$

donde $\mathcal{M}$ es una matriz invariante a las transformaciones de Lorentz.

Ejemplo: Aniquilación partícula-antipartícula

En particular, para el electrón y el positrón existe un proceso de aniquilación produciéndose dos fotones:

$$
e^-e^+ \to \gamma\gamma
$$

el balance de momentos $p_- + p_+ \to k_1 + k_2$, corresponde a:

$$
\begin{aligned}
s + t + u &= 2m_e^2c^2, \\
2(p_-p_+) &= s - 2m_e^2c^2, \\
2(k_1k_2) &= s, \\
2(p_-k_1) = 2(p_+k_2) &= m_e^2c^2 - t, \\
2(p_-k_2) = 2(p_+k_1) &= m_e^2c^2 - u.
\end{aligned}
$$

La sección diferencial transversal está dada por:

$$
d\sigma = \frac{(2\pi)^4 |\mathcal{M}|^2}{4\sqrt{(p_1 \cdot p_2)^2 - m_1^2 m_2^2}} d\Phi_n \left(p_1 + p_2;\ p_3, \ldots, p_{n+2} \right),
$$

en unidades naturales donde $c = 1$. El denominador puede escribirse en el marco inercial de la masa m_2, es decir, en el laboratorio como:

$$\sqrt{(p_1 \cdot p_2)^2 - m_1^2 m_2^2} = m_2 p_{1\,lab};$$

mientras que en el sistema de referencia del centro de masa (CM), como

$$\sqrt{(p_1 \cdot p_2)^2 - m_1^2 m_2^2} = p_1^{CM} \sqrt{s}.$$

8.2.1. Centro de masa

Consideremos la colisión de dos partículas, la interacción puede ser elástica o inelástica, es decir, pueden producirse nuevas partículas.

Ejemplos:

a) Colisión de dos protones $\qquad\qquad p + p \longrightarrow p + p$

b) Generación de nuevas partículas $\left\{\begin{array}{c} p + p \longrightarrow p + p + p + \bar{p} \\[2mm] \pi^- + p \longrightarrow k^0 + \Lambda \end{array}\right.$

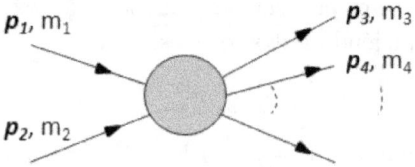

Principalmente, se distinguen los siguientes sistemas:

a) Centro de masa: $\vec{p_1} + \vec{p_2} = 0$

b) Laboratorio: $\qquad \vec{p_2} = 0$

Para estos dos sistemas una de las variables de Maldestam está dada para $c = 1$ por:

$$s = (E_1 + m_2)^2 - \vec{p_1}^2 = (E_1' + E_2')^2.$$

Sin embargo, $E_1^2 = \vec{p_1}^2 + m_1^2$. Entonces la energía total en el sistema de centro de masa es:

$$\sqrt{s} = E_1' + E_2' = \sqrt{m_1^2 + m_2^2 + 2E_1 m_2},$$

en el caso ultrarelativista donde $E_1 \gg m_1$ resulta:

$$\sqrt{s} \simeq \sqrt{2E_1 m_2},$$

es decir, la energía en el centro de masa crece con la raíz de la energía en el laboratorio. En la búsqueda del bosón de Higgs en el CERN se han alcanzado en el 2012:

$$\sqrt{s} \simeq 8\,\text{TeV}.$$

Para las sutilidades de las estadísticas, véase Lyons (2012).

8.3. Dispersión de partículas en el centro de masa

Consideremos la colisión de dos partículas de distintas masas m_1 y m_2 quedando tras la colisión partículas con masas m_3 y m_4. Usamos las variables de Mandelstam:

$$
\begin{aligned}
s &= (p_1 + p_2)^2 \\
t &= (p_1 - p_3)^2 \\
u &= (p_1 - p_4)^2
\end{aligned}
$$

donde s denota el cuadrado de la energía total del centro de masa (positivo) y t es el cuadrado del cuadrumomento transferido (negativo). También $s + t + u = \sum_{i=1}^{4} m_i^2$ en unidades naturales donde $c = 1$.

El sistema del CM está definido por:

$$\vec{p_1} + \vec{p_2} = 0 = \vec{p_3} + \vec{p_4}.$$

Las variables correspondientes se denotan con un asterisco: $(p_i = p_i^*)$. El marco de referencia de laboratorio está definido por $\vec{p_2} = 0$ (fijo) y las variables se etiquetan con lab: ($p_i = p_i^{\text{lab}}$).

El marco del centro de masa (CM) nos lleva a las siguientes ecuaciones:

$$
\begin{aligned}
\vec{p_1^*} &= -\vec{p_2^*} = \vec{p} \\
\vec{p_3^*} &= -\vec{p_4^*} = \vec{p}'
\end{aligned}
$$

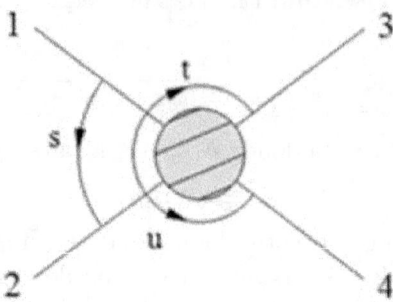

Figura 8.6: Visualización de las variables de Mandelstam.

Sus consecuencias son:

$$p_1 = \left(E_1^* = \sqrt{\vec{p}^2 + m_1^2}, \ \vec{p} \right)$$
$$p_2 = \left(E_2^* = \sqrt{\vec{p}^2 + m_2^2}, \ -\vec{p} \right)$$
$$p_3 = (E_3^*, \vec{p}')$$
$$p_4 = (E_4^*, -\vec{p}')$$

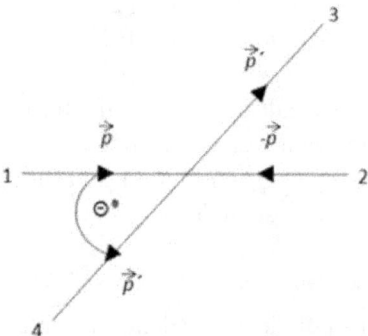

Figura 8.7: Dispersión de dos partículas en el sistema de referencia del centro de masa. Una restricción es el ángulo Θ^*.

La variable de Mandelstam s toma el valor:

$$s = (p_1 + p_2)^2 = (E_1^* + E_2^*)^2 .$$

Ahora podemos expresar E_i^*, $|\vec{p}|$, y $|\vec{p}'|$ en términos de s como

$$E_{1,3}^* = \frac{1}{2\sqrt{s}}(s + m_{1,3}^2 - m_{2,4}^2),$$

$$\vec{p}^2 = (E_1^*)^2 - m_1^2 = \frac{1}{4s}\lambda(s, m_1^2, m_2^2),$$

donde hemos usado la función de Källen (función del triángulo) que está definida por:

$$\lambda(a,b,c) = a^2 + b^2 + c^2 - 2ab - 2ac - 2bc$$
$$= \left[a - (\sqrt{b} + \sqrt{c})^2\right]\left[a - (\sqrt{b} - \sqrt{c})^2\right]$$
$$= a^2 - 2a(b+c) + (b-c)^2.$$

Podemos ver que la función de Källen tiene las siguientes propiedades:

- Simétrica bajo $a \leftrightarrow b \leftrightarrow c$ y

- Comportamiento asintótico: $a \gg b, c : \lambda(a,b,c,) \to a^2$

Esto nos permite determinar algunas propiedades del proceso de dispersión. De $\vec{p}^2, \vec{p}'^2 > 0$ se sigue que:

$$s_{\min} = \max\left\{(m_1 + m_2)^2, (m_3 + m_4)^2\right\} \geq 0$$

es el inicio del proceso en el canal s. En el límite de altas energías, es decir para $s \gg m_i^2$, las ecuaciones de la energía y el momento se simplifican por el comportamiento asintótico de λ y obtenemos:

$$E_1^* = E_2^* = E_3^* = E_4^* = |\vec{p}| = |\vec{p}'| = \frac{\sqrt{s}}{2}$$

8.3.1. Ángulo de dispersión

En el sistema de referencia del centro de masa, el ángulo de dispersión Θ^* está definido por:

$$\vec{p} \cdot \vec{p}' = |\vec{p}| \cdot |\vec{p}'| \cos \Theta^*,$$

también sabemos que:

$$p_1 \cdot p_3 = E_1^* E_3^* - |\vec{p_1}^*||\vec{p_3}^*| \cos \Theta^*$$

$$t = (p_1 - p_3)^2 = m_1^2 + m_3^2 - 2p_1 p_3 = (p_2 - p_4)^2$$

y podemos deducir que $\cos \Theta^*$ es una función explícita de (s, t, m_i^2):

$$\cos \Theta^* = \frac{s(t - u) + (m_1^2 - m_2^2)(m_3^2 - m_4^2)}{\sqrt{\lambda(s, m_1^2, m_2^2)}\sqrt{\lambda(s, m_3^2, m_4^2)}}.$$

Esto significa que la dispersión $2 \rightarrow 2$ está descrita por dos variables independientes:

$$\sqrt{s} \text{ y } \Theta^* \qquad \text{o} \qquad \sqrt{s} \text{ y } t.$$

8.4. Efecto Compton

Ya en 1923 Arthur H. Compton estudió la dispersión de rayos X por electrones en un blanco de carbono. Para medir la dependencia angular θ de los rayos X al salir, se utiliza un cristal giratorio. Clásicamente podemos considerar este efecto como resultado de un choque entre un fotón y un electrón. Por tanto, es suficiente considerar la energía y la cantidad de movimiento relativista:

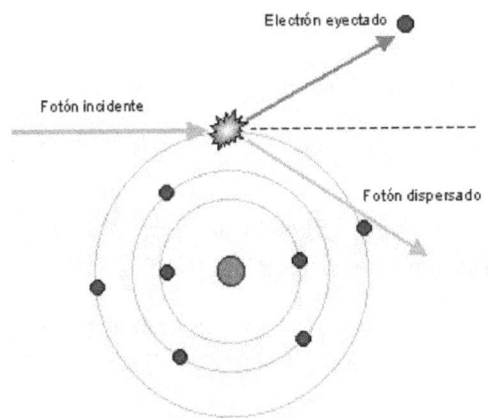

Antes del choque de acuerdo con el "triángulo relativista" tenemos

$$E^2 = (\vec{p} \cdot \vec{p})c^2 + \left(mc^2\right)^2$$

donde $E = |\vec{p_1}|c$ para un fotón y $E_0 = m_e c^2$ para un electrón en reposo. Después del choque $E = |\vec{p_2}|c$ para el fotón y $E_e^2 = \vec{p_e} \cdot \vec{p_e}\, c^2 + (m_e c^2)^2$ para el electrón saliente del punto de interacción.

Por otro lado la conservación de la cantidad de movimiento se expresa como:

$$\vec{p_e} = \vec{p_1} - \vec{p_2},$$

multiplicando cada lado de la ecuación escalarmente por sí mismo, se obtiene

$$\vec{p_e}^2 = \vec{p_1}^2 + \vec{p_2}^2 - 2\vec{p_1} \cdot \vec{p_2} = p_1^2 + p_2^2 - 2p_1 p_2 \cos\theta.$$

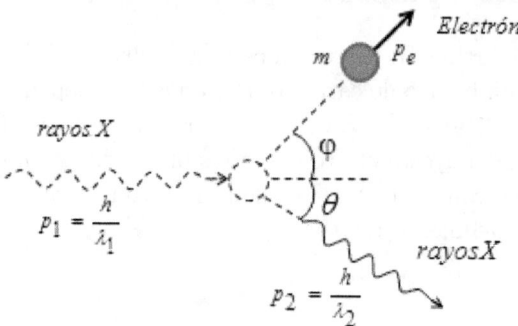

Figura 8.8: Efecto Compton: Choque entre una partícula y una onda de rayos X.

La conservación de la energía $E_0 + E_1 = E_2 + E_e$ nos da la relación adicional:

$$p_1 c + m_e c^2 = p_2 c + \sqrt{p_e^2 c^2 + \left(m_e c^2\right)^2}.$$

Despejamos p_e para llegar a

$$
\begin{aligned}
p_e^2 c^2 &= \left[\left(\vec{p_1} - \vec{p_2}\right) c + m_e c^2\right]^2 - \left(m_e c^2\right)^2 \\
&= \left(\vec{p_1} - \vec{p_2}\right)^2 c^2 + 2|\vec{p_1} - \vec{p_2}| m_e c^3,
\end{aligned}
$$

o también

$$
\begin{aligned}
p_e^2 &= \left(\vec{p_1} - \vec{p_2}\right)^2 + 2(p_1 - p_2) m_e c \\
&= p_1^2 + p_2^2 - 2p_1 p_2 + 2 m_e c (p_1 - p_2).
\end{aligned}
$$

Igualamos esta ecuación con la conservación del momento cuadrado

$$p_1^2 + p_2^2 - 2p_1 p_2 + 2m_e c \left(p_1 - p_2\right) = p_1^2 + p_2^2 - 2p_1 p_2 \cos\theta,$$

y restamos para obtener

$$m_e c \left(p_1 - p_2\right) = p_1 p_2 \left(1 - \cos\theta\right).$$

Multiplicamos ambos lados por $h/(m_e c p_1 p_2)$ y haciendo una cancelación parcial llegamos a

$$\frac{h}{p_2} - \frac{h}{p_1} = \frac{h}{m_e c} \left(1 - \cos\theta\right).$$

Aunque introducimos la constante h de Planck, todavía tenemos un resultado clásico. Sin embargo, utilizando la relación de De Broglie

130

$h/p = \lambda$ para las ondas asociadas a la materia, obtenemos la fórmula de Compton

$$\boxed{\lambda_2 - \lambda_1 = \frac{h}{m_e c}\left(1 - \cos\theta\right)}.$$

A la magnitud:

$$\lambda_\mathrm{C} = \frac{h}{mc}$$

se le conoce como longitud de onda de Compton, donde h es la constante de Planck. Para el electrón $\lambda_\mathrm{C} = h/m_e c = 0.00243\text{nm}$ representa una "sub-nano" escala.

El resultado experimental de Compton está en concordancia con la relatividad especial.

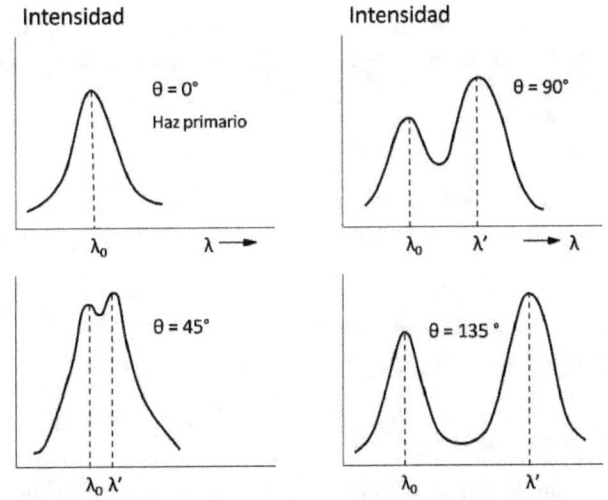

Figura 8.9: Intensidad de rayos X dependiendo el ángulo θ de refracción

Recientemente, usando las colisiones inversas de Compton de los electrones circulando en un acelerador anular en Grenoble (Francia) en forma opuesta, se puso a prueba la velocidad de la luz y una pequeña posible violación de la simetría de Lorentz. Considerando que la dirección del laboratorio gira junto con la Tierra, una vez cada 24 horas (día sideral) se han verificado en 2010 la isotropía de la propagación de la luz y la electrodinámica cuántica (QED) con un nivel de precisión de 10^{-14}, veáse Bocquet et al, 2010.

8.4.1. Tareas

1. Demuestre que las energías individuales son:

$$E_1' = \frac{s + m_1^2 - m_2^2}{2\sqrt{s}} \quad \text{y} \quad E_2' = \frac{s + m_2^2 - m_1^2}{2\sqrt{s}}.$$

2. Demostrar que $\cos\vartheta = 1 \Big/ \sqrt{\left(1 + \dfrac{2E_0}{E_1 - E_2}\right)\left(1 + \dfrac{2E_0}{E - E_0}\right)}$.

3. Demuestre que el círculo de Thales resulta como caso límite de la elipse para los momentos en el choque relativista.

4. Comprobar que $|\vec{p}_1|\,(E_1 + E_2) = \sqrt{(p_1^\mu p_{2\mu})^2 - m_1^2 m_2^2}$ en el caso en que $\vec{p}_1 = -\vec{p}_2$, i.e de ímpetus opuestos y $c = 1$.

5. Efecto Compton: Calcule la energía y la cantidad de movimiento de un fotón con una longitud de onda de $700\,\text{nm}$.

6. Un fotón con energía E_0 es dispersado por un electrón libre inicialmente en reposo, de manera que el ángulo de dispersión del electrón dispersado es igual al del fotón dispersado ($\theta = \phi$). Determine:

   (a) los ángulos θ y ϕ.

   (b) la energá y la cantidad de movimiento del fotón dispersado y

   (c) la energía cinética y la cantidad de movimiento del electrón dispersado.

7. Un fotón de $0.700\,\text{MeV}$ se dispersa de un electrón libre de forma tal que el ángulo de dispersión del fotón es el doble del ángulo de dispersión del electrón . Determine:

   (a) el ángulo de dispersión del electrón y

(b) la rapidez final del electrón.

8. Demuestre que la magnitud de la velocidad $v = |\vec{v}|$ de una partícula que tiene una longitud de onda de De Broglie igual a λ y una longitud de onda de Compton $\lambda_C = h/(mc)$ es igual a

$$v = c/\sqrt{1 + (\lambda/\lambda_C)^2}.$$

9. Un fotón con energía inicial E_0 experimenta dispersión Compton en un ángulo debido a un electrón libre de masa m_e, que inicialmente está en reposo. Utilizando ecuaciones relativistas para la conservación de la energía y la cantidad de movimiento, deduzca la relación siguiente para la energía final E' del fotón disperso:

$$E' = E_0 \left[1 + \left(\frac{E_0}{m_e c^2} \right) (1 - \cos\theta) \right]^{-1}.$$

Capítulo 9

Electrodinámica relativista

9.1. Las transformaciones de Poincaré

La invariancia de Lorentz de las ecuaciones de potencial eléctrico φ surgió antes de la formulación de la relatividad especial de Einstein. La covarianza de las ecuaciones de Maxwell sale a la luz con mayor claridad cuando se usa la notación cuadrivectorial ó tensorial.

En un sistema de coordenadas cartesianas, cada evento con su tiempo y lugar es especificado por 4 coordenadas que son:

$$ x = \begin{pmatrix} x^0 \\ x^1 \\ x^2 \\ x^3 \end{pmatrix} = \begin{pmatrix} ct \\ \vec{r} \end{pmatrix}. $$

En lo siguiente consideremos dos sistemas inerciales, un sistema inercial primado I' y el otro no primado I, cuya regla de correspondencia es una transformación lineal que incluye una traslación del origen espacio-temporal:

$$ x'^{\mu} = \Lambda^{\mu}_{\nu} x^{\nu} + a^{\mu} \longleftrightarrow x' = \Lambda x + a $$

ó infinitesimal,

$$ dx'^{\mu} = \Lambda^{\mu}_{\nu} dx^{\nu}. $$

Ahora vamos a considerar el siguiente evento, una onda de luz, la cual es emitida en las coordenadas t_0, r_0 en I. En relación con I' se emitió la misma onda de luz en el mismo momento y tiene las coordenadas y'_0,

r'_0. En los dos marcos inerciales la velocidad de la luz es la misma, de tal manera que la distancia,

$$ds'^2 = \eta_{\alpha\beta}dx'^\alpha dx'^\beta = \eta_{\alpha\beta}\Lambda^\alpha_\mu dx^\mu \Lambda^\beta_\gamma dx^\gamma = \Lambda^\alpha_\mu \eta_{\alpha\beta}\Lambda^\beta_\gamma dx^\mu dx^\gamma = ds^2$$

es invariante. Una condición necesaria y suficiente para que el intervalo sea igual para el mismo evento en dos marcos de referencia inerciales es

$$\Lambda^\mathrm{T}\eta\Lambda = \eta \longleftrightarrow \Lambda^\alpha_\mu \eta_{\alpha\beta}\Lambda^\beta_\nu = \Lambda^\alpha_\mu \Lambda_{\alpha\nu} = \eta_{\mu\nu}$$

lo cual significa que los Λ son elementos de un grupo pseudo-ortogonal $O(1,3)$.

El conjunto de transformaciones:

$$x'^\mu = \Lambda^\mu_\nu x^\nu + a^\mu \quad y \quad \Lambda^\mathrm{T}\eta\Lambda = \eta$$

forman el grupo $\mathbf{P}$ de Poincaré no homogéneo de Lorentz, el cual tiene 10 parámetros

$$\mathbf{P} = \left\{ (\Lambda, a) \mid a \in R^4, \Lambda \in O(1,3), \Lambda^\mathrm{T}\eta\Lambda = \eta \right\}.$$

La multiplicación del grupo viene dada por la composición de dos transformaciones,

$$(\Lambda_2, a_2) \circ (\Lambda_1, a_1) = (\Lambda_2\Lambda_1, \Lambda_2 a_1 + a_2).$$

lo cual indica que $\mathbf{P}$ es un producto "semi-directo" i.e. las traslaciones a sufrieron también un "boost" de Lorentz, véase apéndice A.

El sistema inercial I' se mueve en relación con el sistema de referencia inercial I, con una velocidad relativa $\vec{\beta} = \vec{v}/c$. Se introducen los proyectores paralelo $P_\parallel$ y perpendicular $P_\perp$ en la dirección de la velocidad relativa;

$$P_\parallel = \frac{1}{\beta^2}\vec{\beta} \cdot \vec{\beta}^\mathrm{T} \quad y \quad P_\perp = \mathbb{1} - P_\parallel$$

con $\beta = |\vec{\beta}|$. Entonces el impulso de Lorentz ("boost") puede escribirse como:

$$\Lambda = (\Lambda^\mu_\nu) = \begin{pmatrix} \gamma & -\gamma\vec{\beta}^\mathrm{T} \\ -\gamma\vec{\beta} & P_\perp + \gamma P_\parallel \end{pmatrix}$$

con el factor de Lorentz $\gamma = 1/\sqrt{1 - \beta^2}$ donde $\vec{\beta} = \vec{v}/c$ es la velocidad relativa adimensional.

Debido a que $\Lambda^T \eta \Lambda = \eta$, las matrices Λ tienen el determinante ± 1,

$$\det \Lambda^T \det \Lambda = (\det \Lambda)^2 = 1 \rightarrow \det \Lambda = \pm 1.$$

El signo positivo corresponde a las transformaciones propias o el reflejo PT completo, el signo menos incluye un cambio de paridad P o un reflejo T del tiempo.

9.2. Unificando los campos eléctricos y magnéticos

En 4D la densidad de corriente

$$j = (j^\mu) = \begin{pmatrix} c\rho \\ \vec{j} \end{pmatrix}, \qquad \mu = 0, 1, 2, 3.$$

forma un cuadrivector ó un vector de Lorentz. Esto significa que j^μ se transforma de un cambio de sistema inercial como un vector x^μ y las coordenadas de los marcos inerciales I e I' y las componentes j^μ y j'^μ de la densidad de corriente de cuarta componente (corriente) se aplican en los dos sistemas a continuación. Esto especifica cómo las componentes de j^μ se transforman con un cambio de marco inercial.

Entonces, un vector de Lorentz transforma como:

$$j'^\mu(x') = \Lambda^\mu_\nu j^\nu(x).$$

La ecuación de continuidad tiene ahora una forma más elegante

$$\frac{\partial \rho}{\partial t} + \vec{\nabla} \cdot \vec{j} = \partial_\mu j^\mu(x) \equiv 0.$$

Por definición, el operador gradiente en 4D se escribe como:

$$\partial'_\mu \equiv \frac{\partial}{\partial x'^\mu} = \Lambda^\nu_\mu \partial_\nu.$$

Para velocidades relativas $\vec{\beta} = v/c$ se puede demostrar la invariancia de la ecuación de continuidad en cualquier sistema inercial

$$\partial'_\mu j'^\mu(x') = (\Lambda^\nu_\mu \partial_\nu)(\Lambda^\mu_\alpha j^\alpha(x)) = \partial_\nu j^\nu(x) = 0.$$

El operador de onda (d' Alembertiano) tiene la forma

$$\Box = \frac{\partial^2}{\partial(ct)^2} - \triangle = \partial_0^2 - \sum_{i=1}^{3} \partial_i^2 = \eta^{\mu\nu} \partial_\mu \partial_\nu = \partial^\mu \partial_\mu$$

y es un operador diferencial invariante, es decir

$$\Box = \partial^\mu \partial_\mu = \partial'^\mu \partial'_\mu = \Box'$$

ante transformaciones de Lorentz o Poincaré.

9.3. El potencial vectorial en 4D

En electromagnetismo, el potencial vectorial $\vec{A}$ es un campo vectorial tridimensional cuyo conocimiento permite derivar el campo magnético. El potencial vector clásico puede ampliarse a un cuadrivector añadiendo el potencial eléctrico φ/c como una componente temporal, es decir, en la unificación de los campos $\vec{E}$ y $\vec{B}$, el cuatro-potencial está dado por

$$A^\mu = \begin{pmatrix} \varphi \\ \vec{A} \end{pmatrix} \implies A'^\mu(x') = \Lambda^\mu_\nu A^\nu(x)$$

juegan un papel muy importante. Haciendo uso de la norma de Lorentz i.e. $\partial_\mu A^\mu = 0$, resulta la ecuación de onda[1]

$$\Box A^\mu = \frac{4\pi}{c} j^\mu.$$

El tensor de Faraday se define como

$$F_{\mu\nu}(x) \equiv \partial_\mu A_\nu(x) - \partial_\nu A_\mu(x) = -F_{\nu\mu}(x).$$

---

[1]Como estudiante de Gauss, ya en 1858 Bernhard Riemann (1867) propuso una ecuación de onda invariante relativista para el potencial electromagnético $\varphi = A^0$ en un intento por conciliar dentro de un modelo preliminar de electrodinámica tipo escalar, los experimentos de Kohlrausch y Weber de 1855. Él estimó correctamente la velocidad de la luz en el vacío como $c \equiv 1/\sqrt{\varepsilon_0 \mu_0}$ a partir de los valores de las unidades electromagnéticas conocidas entonces. En 1886 Woldemar Voigt anticipó la invariancia bajo, lo que ahora llamamos, las transformaciones de Lorentz de esta ecuación de onda. En la ecuación de Maxwell inhomogénea, la corriente de desplazamiento $\partial \vec{D}/\partial t$, donde $\vec{D} = \varepsilon \vec{E}$, fue anticipada en 1839 por James Mac Cullagh (1846), usando el operador de onda para el potencial vectorial $\vec{A}$. Más tarde, esto resultó ser un ingrediente necesario para hacer al electromagnetismo una invariante relativista.

y es antisimétrico en sus dos índices. Para el sistema primado tenemos la transformación tensorial:

$$F'_{\mu\nu}(x') = \partial'_\mu A'_\nu(x') - \partial'_\nu A'_\mu(x') = \Lambda^\alpha_\mu \Lambda^\beta_\nu F_{\alpha\beta}(x)$$

en la cual seis de sus componentes son linealmente independientes por lo que identificamos

$$F_{0i} = E_i \quad y \quad F_{ij} = -\epsilon_{ijk} B_k.$$

Finalmente tenemos que el tensor de intensidad del campo es de la forma

$$F_{\mu\nu} = \begin{pmatrix} 0 & E_1 & E_2 & E_3 \\ -E_1 & 0 & -B_3 & B_2 \\ -E_2 & B_3 & 0 & -B_1 \\ -E_3 & -B_2 & B_1 & 0 \end{pmatrix} = (\vec{E}, \vec{B}) \Longrightarrow (F^{\mu\nu}) = (-\vec{E}, \vec{B})$$

En la relatividad especial, el sistema de unidades de Gauss, con $c = \sqrt{\varepsilon_0 \mu_0}$ es, a veces, más conveniente.

El tensor de intensidad de campo es invariante bajo la transformación de norma:

$$A_\mu \longrightarrow A_\mu - \partial_\mu \theta.$$

En la notación tensorial la invarianza está determinada por el lema de Poincaré

$$F_{\mu\nu} = \partial_\mu A_\nu - \partial_\nu A_\mu \longrightarrow \partial_\mu A_\nu - \partial_\nu A_\mu - (\partial_\mu \partial_\nu \theta - \partial_\nu \partial_\mu \theta) = F_{\mu\nu}.$$

para funciones $\theta(x)$ continuas en segundas derivadas parciales.

Había una discusión acerca de si el potencial vectorial $\vec{A}$ tiene un significado físico o es solamente un artificio matemático. Franz (1938) fue el primero en sugerir un efecto de fase

$$\Theta = -\frac{e}{\hbar} \int \vec{A} \cdot d\vec{l}$$

en la función de onda de un electrón. En la Figura (9.1) supongamos que dos haces de un electrón pasan por un solenoide, uno en la dirección de $\vec{A}$ y el otro en dirección opuesta. La interferencia de los dos haces de onda coherente sufren un cambio de fase aunque el campo magnético $\vec{B}$ está confinado dentro del solenoide. Ese efecto ahora llamado de Aharonov-Bohm, el cual fue confirmado contundentemente, véase Batelaan y Tonomura (2009).

Figura 9.1: Potencial vectorial $\vec{A}$ fuera del solenoide.

9.3.1. Campos electromagnéticos $(\vec{E}, \vec{B})$ en términos de los potenciales:

Como lo dice el nombre, los potenciales A^μ permiten construir los campos electromagnéticos dados por

$$\vec{E} = -\frac{\partial}{c\partial t}\vec{A} - \vec{\nabla}\varphi \qquad y \qquad \vec{B} = \vec{\nabla}\times\vec{A}$$

o en componentes

$$\partial_0 A_i - \partial_i A_0 = E_i \qquad y \qquad \partial_i A_j - \partial_j A_i = \epsilon_{ijk}B_k.$$

Para la formulación relativista de las ecuaciones de Maxwell en el espacio libre, identificamos la inversa

$$E_i = F_{0i} \qquad y \qquad B_i = -\frac{1}{2}\epsilon_{ijk}F_{jk}.$$

Ahora vamos a demostrar que las ecuaciones de Maxwell homogéneas

$$\nabla \cdot \vec{B} = 0, \qquad \nabla \times \vec{E} + \frac{1}{c}\frac{\partial \vec{B}}{\partial t} = 0,$$

son idénticas a las ecuaciones covariantes tipo identidad de Bianchi:

$$F_{[\mu\nu\rho]} \equiv F_{\mu\nu,\rho} + F_{\rho\mu,\nu} + F_{\nu\rho,\mu} = 0.$$

Para probar la ecuación anterior consideramos las componentes:

μ, ν, ρ	$F_{\mu\nu,\rho} + F_{\rho\mu,\nu} + F_{\nu\rho,\mu}$
$0,\ i,\ 0$	$F_{0i,0} + F_{00,i} + F_{i0,0} = 0$
$i,\ j,\ 0$	$F_{ij,0} + F_{0i,j} + F_{j0,i} = 0$
$i,\ j,\ k$	$F_{ij,k} + F_{ki,j} + F_{jk,i} = 0$

139

La primera línea se desvanece de forma idéntica, debido a la anti-simetría del tensor de intensidad de campo. La segunda línea es la segunda ecuación de Maxwell homogénea:

$$-\epsilon_{ijk}\partial_0 B_k + \partial_j E_i - \partial_i E_j = -\epsilon_{ijk}\left(\partial_0 B_k + \epsilon_{kpq}\partial_p E_q\right) = 0$$

o

$$-\left(\frac{1}{c}\frac{\partial \vec{B}}{\partial t} + \nabla \times \vec{E}\right) = 0$$

donde hemos utilizado la siguiente identidad

$$\sum_k \epsilon_{ijk}\epsilon_{kpq} = \delta_{ip}\delta_{jq} - \delta_{iq}\delta_{jp}.$$

La última ecuación en la tabla es idéntica a la primera ecuación de Maxwell homogénea

$$\partial_1 F_{23} + \partial_2 F_{12} + \partial_3 F_{31} = -\left(\partial_1 B_1 + \partial_2 B_3 + \partial_3 B_2\right) = -\nabla \cdot \vec{B} = 0.$$

Para las ecuaciones no homogéneas (inicialmente en el vacío con fuentes aisladas), tenemos:

$$\nabla \cdot \vec{E} = 4\pi\rho, \qquad \nabla \times \vec{B} - \frac{1}{c}\frac{\partial \vec{E}}{\partial t} = \frac{4\pi}{c}\vec{j}.$$

Para reescribirla, calculamos la 4-divergencia del tensor de intensidad del campo

$$\partial_\mu F^{\mu\nu} = \begin{pmatrix} \nabla \cdot \vec{E} \\ (-\partial_0 \vec{E} + \nabla \times \vec{B})^T \end{pmatrix}$$

$$= (\partial_0, \partial_1, \partial_2, \partial_3)\begin{pmatrix} 0 & -E_1 & -E_2 & -E_3 \\ E_1 & 0 & -B_3 & B_2 \\ E_2 & B_3 & 0 & -B_1 \\ E_3 & -B_2 & B_1 & 0 \end{pmatrix}$$

y usando la definición del cuadrivector $j^\mu = (c\rho, \vec{j})^T$, obtenemos el flujo

$$\partial_\mu F^{\mu\nu} = \frac{4\pi}{c}j^\nu.$$

9.4. Ecuaciones de Maxwell en medios materiales

En medios materiales podemos definir el *tensor de excitación* por

$$(H^{\mu\nu}) = \begin{pmatrix} 0 & -c\,D_1 & -c\,D_2 & -c\,D_3 \\ c\,D_1 & 0 & -H_3 & H_2 \\ c\,D_2 & H_3 & 0 & -H_1 \\ c\,D_3 & -H_2 & H_1 & 0 \end{pmatrix}.$$

Las ecuaciones no homogéneas de Maxwell son entonces

$$\partial_\mu H^{\mu\nu} = j^\nu.$$

En el sistema internacional de unidades (SI), por definición del amperio, la permeabilidad magnética es $\mu_0 = 4\pi \times 10^{-7}$newton/(ampere)^2 y $\varepsilon_0 = 1/\mu_0 c^2$. Entonces en medios materiales tenemos

$$D_{12} = \varepsilon_r E_3, \qquad D_{23} = \varepsilon_r E_1, \qquad D_{31} = \varepsilon_r E_2$$

$$B_{12} = \mu_r H_3, \qquad B_{23} = \mu_r H_1, \qquad B_{31} = \mu_r H_2.$$

En el sistema cartesiano de coordenadas se llaga a relaciones "duales" entre los campos y sus excitaciones, donde

$$\varepsilon = \varepsilon_0\,\varepsilon_r \qquad \mu = \mu_0\,\mu_r$$

y donde ε_r y μ_r son las permeabilidades relativas del material. Si denotamos el Hodge dual por $\star$ podemos resumir las ecuaciones básicas de Maxwell–Mac Cullagh en la siguiente tabla

Ecuaciones de Maxwell no homogéneas	Relaciones constitutivas	Ecuaciones de Maxwell homogéneas
$\nabla \cdot \vec{D} = \rho$	$\vec{D} = \varepsilon \star \vec{E}$	$\nabla \times \vec{E} = -\dfrac{\partial \vec{B}}{\partial t}$
$\nabla \times \vec{H} = j + \dfrac{\partial \vec{D}}{\partial t}$	$\vec{B} = \mu \star \vec{H}$	$\nabla \cdot \vec{B} = 0$

Para el caso de que las cargas están en medios materiales, y asumiendo que éstos son lineales, homogéneos, isótropos y no dispersivos, podemos encontrar una relación entre los vectores de intensidad eléctrica e inducción magnética a través de dos parámetros conocidos como permitividad eléctrica y la permeabilidad magnética:

$$\vec{D} = \varepsilon_0\vec{E} + \vec{P},$$
$$\vec{B} = \mu_0\vec{H} + \vec{M}.$$

En general, sus componentes mismas pueden ser funciones de $\vec{E}$ y $\vec{B}$, donde $\vec{P}$ es el vector de polarización y $\vec{M}$ la magnetización del material.

9.5. Campos eléctricos y magnéticos de una carga en movimiento uniforme

Consideremos una carga estática situada en el origen de un sistema de referencia I en reposo. De acuerdo con las ecuaciones de Maxwell, el campo eléctrico simplemente corresponde a la componente radial y la componentes de campo magnético son idénticamente nulas, es decir, los campos eléctrico y magnético de dicha carga serían:

$$\vec{E}(r) = \frac{q\vec{r}}{r^3} \quad \text{y} \quad \vec{B} = 0.$$

En el espíritu de Einstein (1905) nos preguntamos qué pasa, si observamos la misma carga desde otro sistema de referencia I' que se mueve a una velocidad constante $\vec{v}$ con respecto a I. Lo que observarémos sería una corriente y por lo tanto, habría no sólo un campo eléctrico sino también un campo magnético. Las transformaciones de Lorentz para los campos eléctrico y magnético son:

$$E'_x = E_x \qquad , \quad B'_x = B_x$$

$$E'_y = \gamma(E_y - \beta B_z) \quad , \quad B'_y = \gamma(B_y + \beta E_z)$$

$$E'_z = \gamma(E_z + \beta B_y) \quad , \quad B'_z = \gamma(B_z - \beta E_y)$$

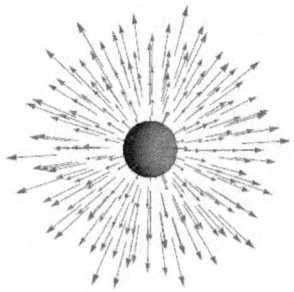

Figura 9.2: Campo elétrico $\vec{E}$ de una carga puntual que se mueve en la dirección del eje x, el cual está deformado por la contracción de Lorentz es un esferoide oblato.

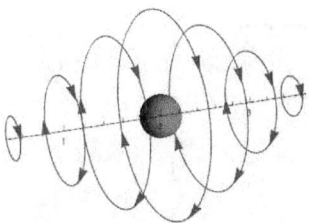

Figura 9.3: Campo magnético $\vec{B}$ de una carga puntual que se mueve en la dirección x.

Entonces, los campos eléctricos son deformados como un esferoide oblato en su envolvente, véase Fig. (9.2).

Para calcular los campos en el sistema I' debemos transformarlos. Debemos tomar en cuenta que en el sistema I el campo magnético es nulo $\vec{B} = 0$ y que, por tanto, $B_x = B_y = B_z = 0$; los campos eléctrico y magnético resultantes son:

$$\vec{E}'(x) \;=\; \frac{q\gamma}{r'^{3/2}} \begin{pmatrix} x - \beta x^0 \\ y \\ z \end{pmatrix} \;,\quad \vec{B}'(x) \;=\; \frac{q\beta\gamma}{r'^{3/2}} \begin{pmatrix} 0 \\ -z \\ y \end{pmatrix}.$$

Si la carga se mueve en la dirección del eje x, el radio es $r'^2 = \gamma^2(x - \beta x^0)^2 + y^2 + z^2$, donde $\beta = v/c$ y v es la velocidad relativa constante.

En el límite de velocidades no-relativistas $v \ll c$, donde $\gamma \simeq 1$, resultan las transformaciones

$$\vec{E}' = \vec{E} + \vec{v} \times \vec{B}\,,\quad \vec{B}' = \vec{B} - \vec{v} \times \vec{E}/c^2$$

para los campos electromagnéticos.

9.6. La fuerza de Lorentz

La fuerza de Lorentz es la fuerza ejercida por el campo electromagnético que recibe una partícula cargada o una corriente eléctrica. Para una partícula sometida a un campo eléctrico combinado con un campo magnético, la fuerza electromagnética total o fuerza de Lorentz sobre esa partícula viene dada por:

$$\vec{F}_{\mathrm{L}} = e\left(\vec{E} + \frac{\vec{v}}{c} \times \vec{B}\right).$$

Como

$$\begin{aligned} \vec{\beta} \cdot \vec{F}_{\mathrm{L}} \;&=\; e\left[\vec{\beta} \cdot \vec{E} + \vec{\beta} \cdot (\vec{\beta} \times \vec{B})\right] \\ &=\; e\vec{\beta} \cdot \vec{E}, \end{aligned}$$

y

$$\vec{\beta} \cdot \vec{F} \;=\; m\gamma^3 \vec{a} \cdot \vec{\beta}$$

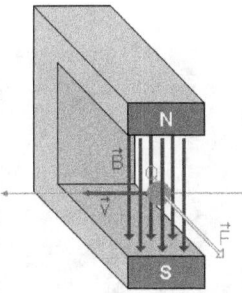

Figura 9.4: Fuerza de Lorentz en un "columpio eléctrico".

podemos calcular la aceleración $\vec{a}$ de una partícula con masa m y carga e por la influencia de la fuerza de Lorentz:

$$\vec{a} = \frac{1}{\gamma m}\left[\vec{F}_{\text{L}} - \vec{\beta}\left(\vec{F}_{\text{L}}\cdot\vec{\beta}\right)\right]$$
$$= \frac{1}{\gamma m}\left[\vec{F}_{\text{L}} - e\vec{\beta}\left(\vec{E}\cdot\vec{\beta}\right)\right]$$
$$= \frac{e}{\gamma m}\left[\vec{E} - \vec{\beta}(\vec{E}\cdot\vec{\beta}) + \vec{\beta}\times\vec{B}\right]$$

Hay varias aplicaciones de la fuerza de Lorentz, por ejemplo: El espectrómetro de masa diseñado por F.W. Aston en 1919. La precisión en la medida de masa de isotopos se ha mejorado con un selector de velocidades $\beta = E/cB$, con campos perpendiculares de $\vec{E}$ y $\vec{B}$.

El ciclotrón fue inventado por E. O. Lawrence en 1932 para acelerar partículas tales como protones o deuterones hasta conseguir una energía cinética elevada. (El deuterón es el núcleo del deuterio, un isótopo estable del hidrógeno pesado, formado por un protón y un neutrón fuertemente ligados entre si.) Las partículas de energía alta se utilizan a continuación para producir materiales radiactivos y con fines médicos. El funcionamiento del ciclotrón se basa en el hecho de que el período T de movimiento de una partícula cargada en el interior de un campo magnético uniforme es independiente de la velocidad de la partícula, el cual está dado por $T = 2\pi m/e\,B$.

Figura 9.5: Principio del Ciclotrón: Rayo de electrones moviéndose en una trayectoria circular en un campo magnético perpendicula. (La emisión de luz es causada por la excitación de átomos del resto de gas en el bulbo).

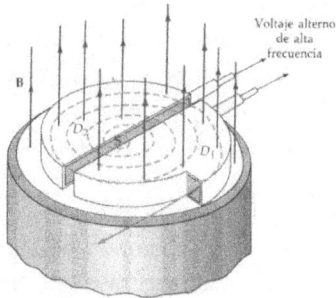

Figura 9.6: Un ciclotrón es un tipo de acelerador de partículas cargadas que combina la acción de un campo eléctrico alterno, que les proporciona sucesivos impulsos, con un campo magnético uniforme que curva su trayectoria y las redirige una y otra vez hacia el campo eléctrico alterno.

9.6.1. Tareas

1. Demuestre que en relatividad, la ecuación de onda electromagnética no varía. Para ello, demuestre que el operador diferencial correspondiente es invariante bajo transformaciones de Lorentz. Es decir, pruebe que

$$\Box \equiv \frac{1}{c^2}\frac{\partial^2}{\partial t^2} - \frac{\partial^2}{\partial x^2} - \frac{\partial^2}{\partial y^2} - \frac{\partial^2}{\partial z^2} = \frac{1}{c^2}\frac{\partial^2}{\partial t'^2} - \frac{\partial^2}{\partial x'^2} - \frac{\partial^2}{\partial y'^2} - \frac{\partial^2}{\partial z'^2} = \Box'$$

2. Verifique las transformaciones generales de los campos eléctricos y magnéticos

$$\vec{E}' = \gamma(\vec{E} + \vec{\beta} \times \vec{B}) - \frac{\gamma^2}{\gamma + 1}\vec{\beta}(\vec{\beta} \cdot \vec{E})$$

$$\vec{B}' = \gamma(\vec{B} - \vec{\beta} \times E) - \frac{\gamma^2}{\gamma + 1}\vec{\beta}(\vec{\beta} \cdot \vec{B})$$

a partir de las transformaciones generales de Lorentz, usando la identidad $\beta^2\gamma^2 = (\gamma + 1)(\gamma - 1)$.

3. Deduce la ecuación de onda $\Box A^\mu = 0$ a partir de las ecuaciones de Maxwell en el vacío, bajo la condición de norma $\partial_\mu A^\mu \cong 0$. (Sugerencia: utilice la identidad $\nabla \times \nabla \times \vec{A} = \nabla \times (\nabla \cdot \vec{A}) - (\nabla \cdot \nabla)\,\vec{A}$ para el triple producto cruz.).

4. Para $\vec{v} = (\,v\,,0\,,0\,,0\,)$ en dirección de x verificar las formulas anteriores. En el caso no-relativista $v \ll c$ deduce las transformaciones

$$\vec{E}' = \vec{E} + \vec{v} \times \vec{B}\,, \quad \vec{B}' = \vec{B} - \vec{v} \times \vec{E}/c^2$$

tipo Galilei. Prueba la invarianza de $\vec{E}^2 - \vec{B}^2$ y $\vec{E} \cdot \vec{B}$. Verifica eso en el caso general con un sistema de algebra computacional.

Capítulo 10

Óptica relativista

La pregunta: ¿Cómo es el aspecto de las cosas cuando se mueven a velocidades relativistas? logró resolverse gracias a los trabajos de un colega de Einstein, Anton Lampa, de 1924 y de Penrose y Terrell, de 1959.

La forma, posición y orientación de un objeto que se mueve a una velocidad cercana a la de la luz puede ser bastante diferente de lo que se vería a velocidades más lentas. Estas deformaciones ópticas, conocidas como aberraciones, recuerdan a las imágenes que se producen en espejos curvos. Se deben a dos causas: compresión angular y distorsión. Por otro lado el color de los objetos puede variar debido al efecto Doppler. También la intensidad de la luz que viene de objetos que se mueven a velocidades relativistas puede cambiar debido a una combinación de dilatación temporal y compresión angular. Así que la imagen del mundo que uno vería estaría afectada no sólo por la contracción espacial y la dilatación temporal sino también por la velocidad finita de la luz. Las aberraciones, el efecto Doppler y los cambios de intensidad son todos causados por la velocidad finita de la luz.

10.1. Efecto Doppler relativista

El efecto Doppler se manifiesta en todo tipo de onda, incluyendo el sonido y la luz. En el caso del sonido, percibimos este efecto a través de los cambios en la frecuencia del sonido. Por ejemplo, cuando un auto de carreras se acerca a nosotros, el ruido de su motor se escucha más agudo y, cuando se aleja, el ruido es más grave. Análogamente, cuando un objeto que emite luz se acerca a nosotros (o nosotros nos acercamos a él) la frecuencia de su luz aumenta, y al revés si se aleja. Con la luz, los cambios de frecuencia representan cambios de color. Un aumento de frecuencia de la luz produce un objeto azulado. Una disminución de la frecuencia hace que veamos el objeto más rojizo.

Se ha observado que la luz que llega de estrellas o galaxias lejanas es algo más rojiza de lo que debería ser si estuvieran quietas. Del corrimiento al rojo de la luz, las observaciones de Edwin Hubble en 1920 nos permite deducir que las galaxias más lejanas se alejan de nosotros a gran velocidad. Estos resultados son una comprobación de la expansión del universo y su edad de 13.8 mil millones de años.

Ahora matemáticamente, consideremos la ecuación de onda en dos marcos de referencia:

$$\Box \varphi = \Box' \varphi(t', x') = 0,$$

donde

$$\Box = \frac{1}{c^2 \partial t^2} - \vec{\nabla} \cdot \vec{\nabla}$$

es el operador de d'Alembert[1], el cual es *invariante* a las transformaciones de Lorentz.

Para una onda plana, la solución es

$$\varphi = A \exp i[\vec{k} \cdot \vec{x} - \omega t],$$

donde $\vec{k}$ es el vector de onda y ω es la frecuencia angular. Como la ecuación de onda es invariante a transformaciones de Lorentz, también la fase lo es, es decir,

$$-\eta_{\mu\nu}k^{\mu}x^{\nu} = \vec{k} \cdot \vec{x} - \omega t = \vec{k}' \cdot \vec{x}' - \omega't'.$$

Entonces $k^{\mu} = \left(\omega/c, \vec{k}\right)$ se tranforma igual que un cuadri-vector $x^{\nu} = (ct, \vec{x})$ de Lorentz, es decir,

$$\omega' = \gamma\left(\omega - c\vec{\beta} \cdot \vec{k}\right)$$
$$\vec{k}' = \vec{k} + \frac{\gamma - 1}{v^2}\left(\vec{v} \cdot \vec{k}\right)\vec{v} - \gamma\vec{v}\frac{\omega}{c^2}.$$

---

[1]En 1747 Jean le Rond d'Alembert formuló y resolvió esta ecuación diferencial para una cuerda vibrante, esencialmente lo hizo en 2D. También propuso considerar a el tiempo como la cuarta dimensión, véase Van Oss (1983) y Mayos (2008).

donde $\gamma = 1/\sqrt{1 - \beta^2}$ es el conocido factor de Lorentz. El cuadri-momento $p^\mu = \hbar\, k^\mu$ lo obtenemos por multiplicación con la constante de Planck $\hbar$ reducida.

Por la ecuación de onda, la fórmula de dispersión:

$$\vec{k} \cdot \vec{k} = \frac{\omega^2}{c^2}$$

es válida en el vacío e invariante a las transformaciones de Lorentz. Ahora, supongamos que el vector de onda $\vec{k}$ forma un ángulo θ con la velocidad relativa entonces el producto escalar $\vec{v} \cdot \vec{k} = vk \cos \theta$ se puede simplificar, donde $k = |\vec{k}| = \omega/c$. Por lo tanto,

$$\omega' = \gamma\omega \left(1 - \beta \cos \theta\right),$$

que es el *efecto Doppler* para la frecuencia angular $\omega = 2\pi f$.

Para el ángulo $\theta = 0$ tenemos:

$$\omega' = \gamma\omega \left(1 - \beta\right) \;=\; \frac{1 - \beta}{\sqrt{(1 - \beta)(1 + \beta)}}\omega$$

$$= \sqrt{\frac{1 - \beta}{1 + \beta}}\omega = \omega/D$$

que es conocido como efecto Doppler *longitudinal*, donde

$$D \equiv \sqrt{1 + \beta}/\sqrt{1 - \beta}$$

es el factor de Doppler.

El efecto Doppler transversal $\omega = \omega'\sqrt{1 - \beta^2}$ se puede deducir más fácilmente de la dilatación del tiempo. A sugerencia de Einstein, en 1938, Ives y Stilwell fueron los primeros en comprobar experimental-mente este efecto con un haz de átomos excitados de hidrógeno.

Para la longitud de onda $\lambda = c/f = 2\pi c/\omega$ llegamos a una relación inversa:

$$\lambda' = \sqrt{\frac{1 + \beta}{1 - \beta}}\lambda = \sqrt{\frac{c + v}{c - v}}\lambda.$$

donde el factor $D = \sqrt{(c+v)/(c-v)}$ de Doppler es independiente de la longitud de onda. La velocidad relativa de los objetos del cosmos se obtiene mediante la relación:

$$1 + z = \frac{\lambda'}{\lambda} = 1 + \frac{\Delta\lambda}{\lambda}$$

$$= \sqrt{\frac{1+\beta}{1-\beta}} \simeq 1 + \beta.$$

donde $z \equiv \Delta\lambda/\lambda$ corresponde a un corrimiento al rojo. Hay cuasares (fuentes brillantes llamados "casi estelares") tan lejanos que tienen un valor z > 3.

Ejemplo: Galaxia lejana

- La longitud de onda más larga emitida por el hidrógeno en la serie de Balmer tiene un valor $\lambda_0 = 656\,\text{nm}$. En la luz procendente de una galaxia lejana, el valor medido por espectroscopía es $\lambda' = 1458\,\text{nm}$. Hallar la velocidad de alejamiento o retroceso de dicha galaxia respecto a la Tierra.

Solución: Si sustituimos estos datos en la ecuación, se tiene:

$$\frac{1+\beta}{1-\beta} = \left(\frac{\lambda'}{\lambda_0}\right)^2 = \left(\frac{1458\,\text{nm}}{656\,\text{nm}}\right)^2 = 4.94$$

de modo que

$$1 + \beta = 4.94 - 4.94\beta$$

o

$$\beta = \frac{4.94 - 1}{4.94 + 1} = 0.663.$$

10.2. Aberracion relativista

Para entender mejor la aberración de la luz consideremos el siguiente ejemplo: supongamos que alguien se para bajo la lluvia y que no hay viento, para no mojarse basta mantener el paraguas sobre la cabeza con el bastón vertical, pero si se pone a correr y continúa con el paraguas en posición vertical habrá gotas de agua que lo alcanzarán por delante,

Figura 10.1:

entonces, para evitar mojarse debe inclinar el paraguas en dirección de su movimiento. El ángulo de inclinación en que ha de poner el paraguas para no mojarse depende de la razón de su velocidad con respecto a la de la lluvia.

10.2.1. Bradley descubre la aberracion de la luz

A principios del siglo XVIII todavía no se sabía a qué distancia se encontraban las estrellas, en un intento por medir esta distancia James Bradley (1693-1762) descubrió en 1725 el fenómeno de la aberración del la luz, con lo que confirmó inequívocamente el movimiento de traslación de la Tierra y estimá la velocidad de la luz. Bradley también descubrió y midió la nutación o cabeceo de los polos terrestres.

De manera análoga, como la Tierra se mueve y la luz también (como la lluvia en el ejemplo 10.2), para observar una estrella en la vertical, debe inclinarse un poco el telescopio en la dirección del movimiento de la Tierra. Esa inclinación que es precisa para que el rayo de luz que entra por la apertura del telescopio alcance su fondo, se denomina aberración de la luz. Con sus cuidadosas medidas, Bradley determinó la velocidad de la luz en 283,000 kilómetros por segundo (km/s), un valor 5 % menor que el real, pero mucho más preciso que el determinado en 1676 por Roemer observando los satélites de Júpiter.

Si el vector de onda $\vec{k}$ y $\vec{k}'$ tiene un ángulo θ o θ' con el eje z o z', tenemos

$$k'_z = \gamma \left(k_z - \frac{\beta}{c}\omega \right), \; k'_y = k_y, \; k'_x = k_x.$$

Entonces:

$$\tan\theta' = \frac{\sqrt{k_x'^2 + k_y'^2}}{k_z'} = \frac{\sqrt{k_x^2 + k_y^2}}{\gamma\left(k_z - \beta\omega/c\right)}$$

$$= \frac{1}{\gamma}\frac{\sin\theta\ \omega/c}{\left(\cos\theta - \beta\right)\ \omega/c} = \frac{1}{\gamma}\frac{\sin\theta}{\left(\cos\theta - \beta\right)}$$

Por la identidad trigonométrica: $\tan(\alpha/2) = \sin\alpha/(1 + \cos\alpha)$ resulta la fórmula equivalente

$$\tan\frac{\theta'}{2} = \sqrt{\frac{1+\beta}{1-\beta}}\,\tan\frac{\theta}{2} = D\ \tan\frac{\theta}{2}$$

donde $D \equiv \sqrt{1+\beta}/\sqrt{1-\beta}$ es el factor de Doppler. Esta fórmula de aberración es simétrica bajo cambio de sistemas inerciales. Para la velocidad relativa transversal la fórmula equivalente

$$\beta_\perp \equiv \beta\,\sin\theta' = \frac{\beta\,\sin\theta}{\gamma\left(1 - \beta\cos\theta\right)}$$

es usada para interpretar jets aparentemente superluminales.

10.2.2. ¿Velocidades superluminales en jets gemelos?

Un movimiento aparentemente superluminal surge cuando una eyección de gas se mueve a velocidades ultra-relativistas de manera que casi alcanza a la radiación que emite. Este movimiento fue observado por primera vez con un telescopio de radio (Mirabel y & Rodríguez 1998) con una longitud de onda de $\lambda = 35$cm en jets gemelos de microquasares. Consideremos un nudo de jets brillante ubicado en el origen (centro) al tiempo $t = 0$. Después de un tiempo t se ha movido alejándose del origen. El desplazamiento transversal es $\beta\,ct\sin\theta$ (Ver figura 10.2). Sin embargo, ya que el nudo está ahora más cerca para el observador por una distancia $\beta\,ct\cos\theta$, el observador mide un tiempo más corto: $t' = \gamma(t - \beta\,ct\cos\theta)$ y por lo tanto una velocidad transversal aparente de

$$\beta_\perp = \frac{\beta\,\sin\theta}{\gamma\left(1 - \beta\cos\theta\right)}$$

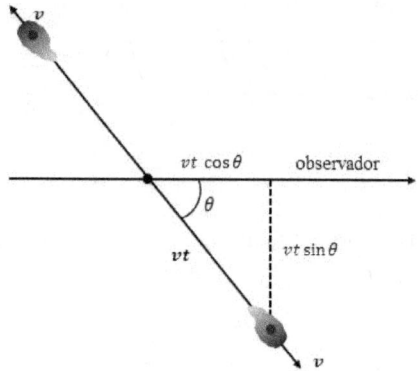

Figura 10.2: Geometría de jets gemelos.

El factor de Lorentz γ en la fórmula es importante, sin el la velocidad transversal sería superluminal, es decir, $\beta_\perp > 1$ cuando $\beta \simeq 1$ y θ es menor que $90°$. El **Galactic microquasar GRS 1915+105** fue la primera fuente galáctica aparentemente superluminal detectada en la Galaxia. En la Figura 10.3, las imágenes de radio muestran un par de nudos expulsados del centro. La mancha más brillante de la izquierda tiene una velocidad transversal aparente $\beta_\perp \simeq 1.25$. La verdadera velocidad de los nudos es $\beta \simeq 0.92$, con $\theta \simeq 70°$. En la gráfica AU es la unidad astronómica, la distancia media de la Tierra al Sol, 1 $AU \simeq 1.5 \times 10^8$km.

Nosotros esperaríamos observar ocasionalmente jets como "postes encendidos" en lugar de su proyección en el cielo. Por analogía directa con los blazares, los microblazares se espera sean excepcionalmente brillantes, puntuales y fuentes muy variables de emisiones fuertes de rayos X y rayos γ. Pocos candidatos a microblazars se han encontrado en nuestra galaxia, incluyendo la fuente LS5039 con energías arriba de $\gtrsim$100 GeV detectada por el satélite de rayos X **HESS** (Figura 10.4).

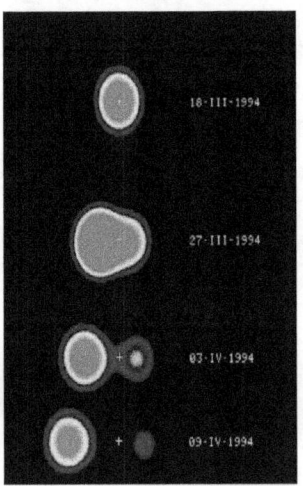

Figura 10.3: **Jets en el microquasar GRS 1915+105**.

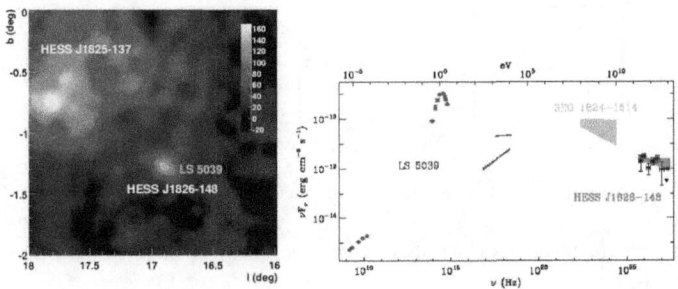

Figura 10.4: Fuente brillante LS5039 de rayos X detectada por el satélite **HESS**.

10.3. Invisibilidad de la contracción de Lorentz

Queremos hacer una foto idealizada e instantánea de un cuerpo extendido; consideraremos todos los fotones de la misma "cara" de un cubo que llegan al mismo tiempo a la película o CCD de una cámara, o a la retina de un observador. Los fotones de A deben ser emitidos más temprano para llegar al mismo tiempo (simultaneidad) a la película. La distancia adicional causada por la velocidad relativa v es $v \to vl/c$. Sabemos que, para eventos simultáneos hay una contracción de Lorentz $l \to l\sqrt{1 - (v/c)^2}$, por lo tanto, el lado BC aparece contraido.

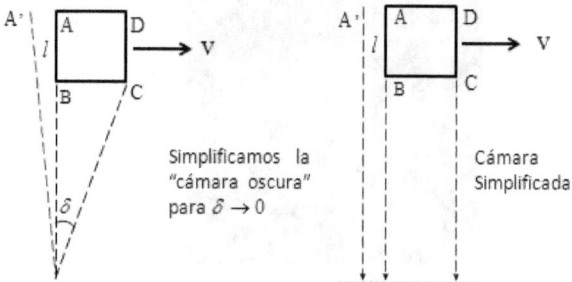

Figura 10.5: Foto relativista de un cubo.

Entonces, en la foto aparece un cubo del mismo tamaño pero girado con un ángulo α.

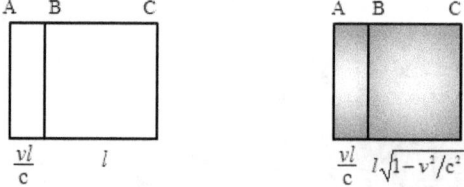

Figura 10.6: Proyección del cubo moviéndose sin y con la contracción de Lorentz.

Si esta interpretación es correcta la proyección del lado $\overline{AB}$ aparece multiplicada por:

$$\sin \alpha = \frac{v}{c} = \beta$$

y el lado $\overline{BC}$ por:

$$\cos\alpha = \sqrt{1 - \sin^2\alpha} = \sqrt{1 - \frac{v^2}{c^2}} = \frac{1}{\gamma}.$$

Comprobamos fácilmente que el teorema de Pitágoras es válido

$$\sin^2\alpha + \cos^2\alpha = \beta^2 + \left(\sqrt{1 - \beta^2}\right)^2 = 1.$$

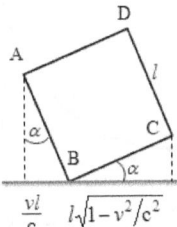

Figura 10.7: Rotación aparente del cubo por un ángulo α.

Con un cubo hemos explicado la "rotación" aparente de Terrell (1959) por un efecto de retardación relativista. En el mismo año, Penrose ha dado cuenta que la fórmula

$$\tan\frac{\theta'}{2} = D\,\tan\frac{\theta}{2}$$

de la aberración tiene una interpretación geométrica por proyección estereográfica. Supongamos que el observador esta en el centro de su bóveda celeste (Figura 10.8).

Un fotón entra con un ángulo θ y su punto de intersección con la esfera esta proyectado de P a un plano tangente en el punto Q. En esta "pantalla" la sombra de una esfera se mapea otra vez a círculos, así como lo notó Penrose.

10.3.1. Efecto Lampa-Terrell-Penrose

¿Cómo aparece un objeto extendido que se mueve con una velocidad relativista? ¿Se ve realmente una contracción de Lorentz objeto, por ejemplo, un elipsoide plano en lugar de una esfera? La respuesta es no, como se ilustra en la siguiente película:

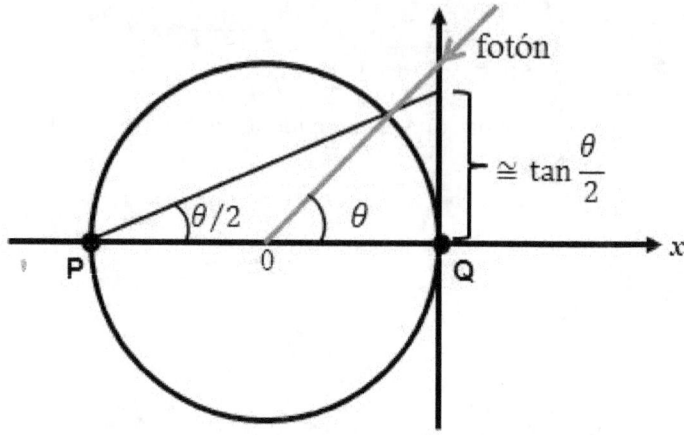

Figura 10.8: Proyección estereográfica para deducir geométricamente la aberración.

La película ≪ lampa_trick.mpg ≫ muestra la emisión posterior de la luz desde el borde de un movimiento rápido, la esfera comprimida por la contracción Lorentz (por ejemplo, un núcleo en un acelerador de colisión relativista de iones pesados). Aunque esta luz es emitida en diferentes tiempos, debe llegar al observador en el mismo tiempo. Esto se debe, por supuesto, a la velocidad finita de la luz y la velocidad grande de la esfera.

La velocidad de la esfera es $v = 95c$, su movimiento es de la izquierda a la derecha, y al tiempo $t = 0$, su centro alcanza el origen del sistema de coordenadas. La luz que sería absorbida en marcha por una esfera opaca se muestra en color naranja.

El observador ve al mismo tiempo la luz que fue emitida por la esfera en movimiento en diferentes tiempos, por lo tanto cuando la esfera se encontraba en posiciones diferentes. Como consecuencia, el observador ve una rotación y una ligera distorsión en la imagen de la esfera. De hecho, una parte "posterior" de la esfera es visible para el observador.

Este es el efecto Lampa-Terrell-Penrose, con excepción de un cambio de escala, fue descubierto primero por Antón Lampa en 1924, un colega de Einstein.

Aunque un objeto en movimiento relativista aparece solamente girado con un ángulo $\alpha = \arcsin \beta$, los fotones emitidos están sufriendo también un corrimiento al rojo por un factor D de Doppler. Este corrimiento puede extenderse de rango de 400-800 nm de la visión humana.

10.4. Visualización: Compresión angular y aumento de la intensidad

Imaginemos a una persona que se encuentra dentro de un tren un día de lluvia y sin viento. Las gotas de lluvia, a través de la ventanilla, se ven verticales cuando el tren esté quieto y se ven inclinadas cuando se esté moviendo. Algo similar sucede con la luz. En la figura 10.9 el punto central representa una nave espacial y las flechas son los rayos de luz (como la lluvia del ejemplo) que vienen de todas las direcciones. En (a) la nave esté en reposo y en (b) la nave se esté moviendo a una velocidad relativista hacía la derecha. Los rayos de luz se inclinan en la dirección del movimiento produciendo el efecto de compresión angular.

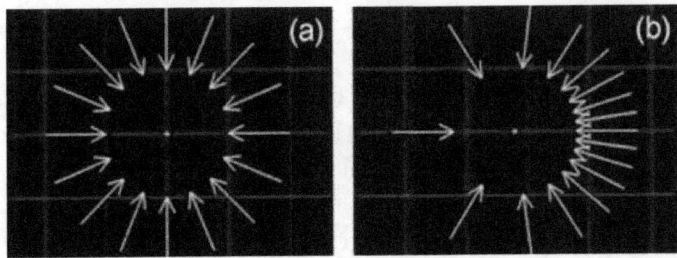

Figura 10.9: Efecto de compresión angular de la luz

El efecto óptico que produce esta desviación de los rayos de luz es que los objetos que se encuentran adelante se ven comprimidos, mientras que, si desde la nave se mira hacia atrás, todo se verá aumentado de tamaño.

Además, como se ve en la Figura 10.9, la compresión angular tiende a aumentar la cantidad de luz que viene de adelante y reducir la que viene de atrás. Desde la perspectiva de alguien que se encuentre en el punto central de la figura, no sólo observará una deformación geométrica de los objetos que se compriman adelante y se dilaten atrás, sino también verá que, hacia delante, los objetos son mucho más brillantes que hacia atrás.

Este aumento de la intensidad es proporcional a la quinta potencia del factor D de Doppler.

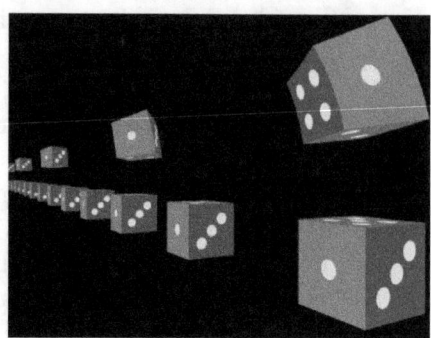

Figura 10.10: Apariencia relativista de un cubo con velocidad de $v = 0.9c$, el cual parece girado.

En una animación (Kraus, 2008) se puede ver la aparente rotación y distorsión de un dado relativista.

Como el grupo de Lorentz $O(1,3) \cong SL(2, \mathbb{C})$ es localmente isomorfa a las transformaciones especiales (determinante=1) lineales del plano complejo $\mathbb{C}$, hay una equivalencia de las visualizaciones relativistas con los mapeos de Möbius, véase Arnold y Rogness (2008).

Objetos con velocidades relativas de $\beta = 0.9$ incluyen el efecto de compresión angular ("seach light effect"), el cambio Doppler de frecuencia y el aumento de intensidad son visualizado por "ray tracing" localmente. vease Müller y Weiskopf (2011) para ligas electrónicas y animaciones.

Para escenarios, donde los objetos se mueven en direcciones diferentes, "ray tracing" en 4D es necesario, pero su implementación computacional es más complicada.

Figura 10.11: El tranvía se está moviendo con velocidad relativista hacia la izquierda, parece rotado. La causa es que la luz de la cara más alejada aparece retrasada con respecto a la cara cercana debido a la velocidad finita de la luz.

10.5. Visualización mediante ray tracing en relatividad general.

La visualización mediante ray tracing se puede generalizar también para la relatividad general. Su objetivo es computar imágenes de los cuerpos astronómicos en las proximidades de objetos compactos, as como las trayectorias de los cuerpos masivos en entornos relativistas. Este código es capaz de integrar las ecuaciones geodésicas nulas y tipo tiempo no sólo en la métrica de Kerr, sino tambin en cualquier métrica calculada numéricamente dentro de Relatividad General. Imágenes y espectros se han simulado para una variedad de objetivos astronómicos, tales como una estrella en movimiento.

Los primeros desarrollos de trazado de rayos en Relatividad General de Einstein se remontan a los años 70s con obras referentes a la aparición de una estrella en órbita alrededor de un agujero negro tipo Kerr, la derivación de un espectro emitido de disco de acreción en términos de una función de transferencia y el cálculo de la imagen de un disco de acreción alrededor de un agujero negro esféricamente simétrico tipo Schwarzschild.

Con la técnica ray tracing se puede calcular la imagén de una estrella en movimiento, en órbita alrededor de un agujero negro de Kerr. El modelo de la estrella es muy simple, sólo la geodésica tipo temporal del centro de la estrella se calcula, y la estrella se define como los puntos cuya distancia euclidiana al centro está a menos de un radio R dado. Un ejemplo es el de un agujero negro con un disco de aceración geométricamente delgado.

Aquí hay una expresión matemática que dice que el flujo emitido es proporcional a la intensidad específica emitida. La imagen resultante se muestra en la figura 10.12 donde se ve el agujero negro tipo Schwarzschild y su disco de acreción.

Figura 10.12: Agujero negro de Schwarzschild.

Apéndice A

Grupos de espacio-tiempo

A.1. Propiedades de un grupo

Un grupo $(G, \circ)$ es un conjunto G de elementos {a,b,c,...} en el que se ha definido una ley de composición interna $\circ$ que satisface los siguiente axiomas:

i) Cerradura: $a \circ b = c \in G$.

ii) Asociatividad: $a \circ (b \circ c) = (a \circ b) \circ c$.

iii) Elemento neutro: $e \circ a = a \circ e = a$

iv) Elemento inverso: $a^{-1} \in G : a \circ a^{-1} = a^{-1} \circ a = e$

A.2. Rotaciones y ángulos de Euler

Los ángulos de Euler, son de notable importancia en el estudio de la rotación del sólido rígido, pueden definirse a través de la siguiente secuencia de operaciones: rotar el sistema coordenado $\vec{x} \equiv (x, y, z)^{\mathrm{T}}$ alrededor de z en sentido antihorario por un ángulo φ. El sistema coordenado resultante es $\vec{x}' = (x', y', z')^{\mathrm{T}}$. A continuación se rota este sistema en sentido antihorario, por un ángulo θ alrededor del eje x', para obtener el sistema coordenado $\vec{x}'' = (x'', y'', z'')^{\mathrm{T}}$. Si este sistema se gira alrededor de z'' en sentido antihorario por un ángulo ψ se obtiene el sistema coordenado $\vec{x}''' = (x''', y''', z''')^{\mathrm{T}}$ final.

En forma matricial, las reglas de transformación correspondientes a cada operación son:

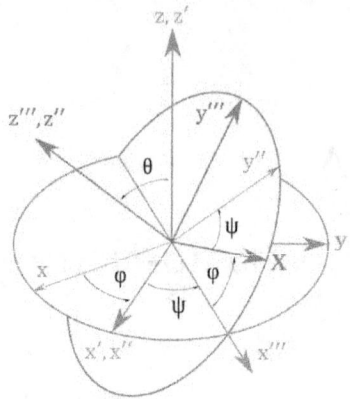

Figura A.1: Ángulos de Euler ψ, θ, φ.

$$\vec{x}' = \mathbb{R}(\varphi)\vec{x}\,, \quad \vec{x}'' = \mathbb{R}(\theta)\vec{x}'\,, \quad \vec{x}''' = \mathbb{R}(\psi)\vec{x}'',$$

de donde se obtiene por la multiplicación de subgrupos:

$$\vec{x}''' = \mathbb{R}(\psi)\mathbb{R}(\theta)\mathbb{R}(\varphi)\vec{x} = \mathbb{R}(\psi,\,\theta,\,\varphi\,)\vec{x}.$$

En la anterior

$$\mathbb{R}(\psi,\,\theta,\,\varphi\,) := \mathbb{R}(\psi)\mathbb{R}(\theta)\mathbb{R}(\varphi)$$

es la matriz de Euler. Explícitamente:

$$\mathbb{R}(\varphi) = \begin{pmatrix} \cos\varphi & \sin\varphi & 0 \\ -\sin\varphi & \cos\varphi & 0 \\ 0 & 0 & 1 \end{pmatrix}, \quad \mathbb{R}(\theta) = \begin{pmatrix} 1 & 0 & 0 \\ 0 & \cos\theta & \sin\theta \\ 0 & -\sin\theta & \cos\theta \end{pmatrix},$$

$$\mathbb{R}(\psi) = \begin{pmatrix} \cos\psi & \sin\psi & 0 \\ -\sin\psi & \cos\psi & 0 \\ 0 & 0 & 1 \end{pmatrix}.$$

En consecuencia, con $c\psi \equiv \cos\psi$, $s\psi \equiv \sin\psi$, etc, la matriz de Euler toma la forma:

$$\mathbb{R}(\psi,\,\theta,\,\varphi\,) = \begin{pmatrix} c\psi c\varphi - s\psi c\theta s\varphi & c\psi s\varphi - c\psi c\theta c\varphi & s\psi s\theta \\ -s\psi c\varphi - c\psi c\theta s\varphi & -s\psi s\varphi - c\psi c\theta c\varphi & c\psi s\theta \\ c\theta s\varphi & -s\theta c\varphi & c\theta \end{pmatrix}.$$

Tarea:

1. Demuestre explícitamente que $\mathbb{R}^{-1} = \mathbb{R}^{\mathrm{T}}$ para grupos ortogonales, donde T indica la matriz transpuesta.

A.3. Grupo de Galilei no homogéneo

Para las transformaciones de Galilei es conveniente considerar la representación degenerada por matrices cuadráticas de 5×5:

$$g(\mathbb{R},\vec{v},\vec{x_0},t_0) = \begin{pmatrix} 1 & 0 & t_0 \\ \vec{v} & \mathbb{R} & \vec{x_0} \\ 0 & 0 & 1 \end{pmatrix}$$

donde g es una función de 10 parámetros y $\mathbb{R} \in SO(3)$ un elemento del grupo especial ortogonal en 3 dimensiones para generar rotaciones.

La acción transitiva está dada por la multiplicación matricial y da como resultado un vector especial en 5 dimensiones:

$$\begin{pmatrix} t' \\ \vec{x}' \\ 1 \end{pmatrix} = \begin{pmatrix} 1 & 0 & t_0 \\ \vec{v} & \mathbb{R} & \vec{x_0} \\ 0 & 0 & 1 \end{pmatrix} \begin{pmatrix} t \\ \vec{x} \\ 1 \end{pmatrix} = \begin{pmatrix} t + t_0 \\ \mathbb{R}\vec{x} + \vec{v}t + \vec{x_0} \\ 1 \end{pmatrix}.$$

la acción incluye, como se observa, 4 translaciones, temporal por t_0 y espacial por $\vec{x_0}$.

La ley de la multiplicación grupal lleva explícitamente a:

$$g_2 \circ g_1 = \begin{pmatrix} 1 & 0 & t_2 \\ \vec{v_2} & \mathbb{R}_2 & \vec{x_2} \\ 0 & 0 & 1 \end{pmatrix} \begin{pmatrix} 1 & 0 & t_1 \\ \vec{v_1} & \mathbb{R}_1 & \vec{x_1} \\ 0 & 0 & 1 \end{pmatrix}$$

$$= \begin{pmatrix} 1 & 0 & t_1 + t_2 \\ \mathbb{R}_2\vec{v_1} + \vec{v_2} & \mathbb{R}_2\mathbb{R}_1 & \mathbb{R}_2\vec{x_1} + \vec{v_2}t_1 + \vec{x_2} \\ 0 & 0 & 1 \end{pmatrix}.$$

Anotamos también la transformación inversa:

$$g^{-1} = \begin{pmatrix} 1 & 0 & -t_0 \\ -\mathbb{R}^{-1}\vec{v} & \mathbb{R}^{-1} & \mathbb{R}^{-1}\vec{v}t_0 - \mathbb{R}^{-1}\vec{x_0} \\ 0 & 0 & 1 \end{pmatrix}$$

y se deja como tarea:

- Probar que $g \circ g^{-1} = \mathbb{1}$.

A.4. Transformaciones de Poincaré

En la relatividad especial las transformaciones de Galilei se reemplazan por:

$$x^\mu \to x'^\mu = \Lambda^\mu_\nu\left(\mathbb{R}, \vec{v}\right) x^\nu + x_0^\nu$$

las cuales forman un subgrupo de las transformaciones afines.

Al igual que en el grupo de Galilei tenemos 10 parámetros, el primer sumando cuenta con 6 parámetros mientras que el segundo (las traslaciones) con 4. La representación por matrices de 5×5 es:

$$p\left(\Lambda, x_0\right) = \begin{pmatrix} \Lambda & x_0 \\ 0 & 1 \end{pmatrix} \in \mathbf{P}$$

donde $\mathbf{P}$ es el grupo de Poincaré y $x = x^\mu$ un vector cuatro-dimensional.

La acción transitiva es:

$$\begin{pmatrix} \Lambda & x_0 \\ 0 & 1 \end{pmatrix} \begin{pmatrix} x \\ 1 \end{pmatrix} = \begin{pmatrix} \Lambda x + x_0 \\ 1 \end{pmatrix},$$

como es esperado.

Aquí el grupo de Lorentz es un subgrupo:

$$\tilde{\Lambda} = p(\Lambda, 0) = \begin{pmatrix} \Lambda & 0 \\ 0 & 1 \end{pmatrix}$$

con exactamente 6 parámetros y las translaciones "viven" en el co-conjunto P/Λ. El grupo de Lorentz es no singular i.e. el determinante es distinto de cero.

A.5. Grupo de Lorentz

Supongamos

$$\Lambda(\mathbb{R}, \vec{v}) = \begin{pmatrix} a(v) & b(v)\,\vec{v}^{\mathrm{T}}/v_{max}^2 \\ -\gamma(v)\vec{v} & \mathbb{R}(\vec{v}) \end{pmatrix}$$

donde $\vec{v}^T = (v_x, v_y, v_z)$ es el transpuesto del vector $\vec{v}$ y v_{max} es una velocidad máxima especificada al final del desarrollo.

Por isotropía del espacio y por la velocidad máxima v_{max}, las rotaciones se escriben como:

$$\mathbb{R}(v) = c(v)\mathbb{1} + d(v)\frac{\vec{v}}{v} \otimes \frac{\vec{v}^{\mathrm{T}}}{v}$$

donde $v = |\vec{v}|$ es el valor absoluto de la velocidad relativa.

La acción transitiva aplicada a un cuadri-vector $(t, \vec{x})$ de espacio-tiempo es:

$$\begin{pmatrix} t' \\ \vec{x}' \end{pmatrix} = \begin{pmatrix} a(v) & b(v)\vec{v}^{\mathrm{T}}/v_{max}^2 \\ -\gamma(v)\vec{v} & \mathbb{R}(\vec{v}) \end{pmatrix} \begin{pmatrix} t \\ \vec{x} \end{pmatrix}$$

$$= \begin{pmatrix} a(v)t + b(v)\vec{v} \cdot \vec{x}/v_{max}^2 \\ c(v)\vec{x} + \dfrac{d(v)}{v^2}(\vec{v} \cdot \vec{x})\,\vec{v} - \gamma(v)\vec{v}t \end{pmatrix}$$

que es lineal en $\vec{x}$ y t. Ya que no hemos experimentado un rompimiento del grupo $O(3)$ de rotaciones en el vacío, las transformaciones tienen una supuesta isotropía respecto de $\vec{x}$. En consecuencia, los coeficientes: a, b, c, d y γ solamente dependen del valor absoluto $v = |\vec{v}|$ de la velocidad relativa.

Los parámetros del grupo de Lorentz

Supongamos que la **velocidad de origen**

$$\mathcal{O}' = \{\vec{t}' = 0,\ \vec{x}' = 0\},$$

de un marco I' de un viajero relativo a I es $\vec{v} = \vec{x}/t$. Entonces una condición es $0 = \{c(v) + d(v) - \gamma(v)\}\vec{x}$.

Si P: $\vec{x} \to -\vec{x}$ denota la reflexión de la paridad, en 3D, la transpuesta Λ^{T} del grupo de Lorentz satisface $\Lambda^{\mathrm{T}}\eta\,\Lambda = \eta$, la cual es equivalente a $\Lambda^{-1} = \eta^{-1}\Lambda^{\mathrm{T}}\eta$ debido a la representación de la paridad $P : x = \eta x$ para vectores $x = (t, \vec{x})$ cuadri-dimensionales.

Entonces el elemento inverso es tal que:

$$\Lambda^{-1}(\mathbb{R}, \vec{v}) = \Lambda^{\mathrm{T}}(\mathbb{R}, -\vec{v})$$

para grupos pseudo-ortogonales. Físicamente, el elemento inverso simplemente corresponde al cambio de $\vec{v}$ por $-\vec{v}$ en la dirección de la velocidad y de marcos inerciales $I \to I'$. Entonces la teoría de grupos nos lleva a la condición matricial:

$$
\Lambda^{-1} \circ \Lambda = \left(
\begin{array}{c|c}
a & \gamma\,\vec{v}^{\mathrm{T}}/v_{max}^2 \\
\hline
-b\vec{v} & \mathbb{R}^{\mathrm{T}}(-\vec{v})
\end{array}
\right)
\left(
\begin{array}{c|c}
a & b\,\vec{v}^{\mathrm{T}}/v_{max}^2 \\
\hline
-\gamma\vec{v} & \mathbb{R}(\vec{v})
\end{array}
\right)
$$

$$
= \left(
\begin{array}{c|c}
a^2 - \gamma^2\, v^2/v_{max}^2 & (ab + \gamma c + \gamma d)\vec{v}^{\mathrm{T}}/v_{max}^2 \\
\hline
-(ba + c\gamma + d\gamma)\vec{v} & c^2\mathbb{1} + (2cd + d^2 - b^2\dfrac{v^2}{v_{max}^2})\dfrac{\vec{v}}{v} \otimes \dfrac{\vec{v}^{\mathrm{T}}}{v}
\end{array}
\right)
$$

$$
= \left(
\begin{array}{cc}
1 & 0 \\
0 & \mathbb{1}
\end{array}
\right)
$$

Condiciones algebraicas

De lo anterior llegamos a 5 condiciones para los 5 coeficientes arbitrarios de las transformaciones de Lorentz:

$$c + d - \gamma = 0$$
$$a^2 - \gamma^2 \frac{v^2}{v_{max}^2} = 1$$
$$ab = -\gamma(c + d)$$
$$c^2 = 1$$
$$d(2c + d) = b^2 \frac{v^2}{v_{max}^2}.$$

La solución algebraica es:

$$c = 1 \qquad (c = -1 \text{ corresponde a la reflexión de la paridad } P)$$
$$d = \gamma - 1, \quad \rightarrow \gamma^2 - 1 = b^2 v^2 / v_{max}^2$$
$$ab = -\gamma^2, \qquad a^2 = 1 + \gamma^2 v^2 / v_{max}^2$$

Tomando la penúltima ecuación anterior y multiplicándola por a^2 tenemos:

$$a^2 b^2 v^2 / v_{max}^2 = \gamma^4 v^2 / v_{max}^2 = \left(1 + \gamma^2 v^2 / v_{max}^2\right)\left(\gamma^2 - 1\right)$$
$$= \gamma^4 v^2 / v_{max}^2 + \left(1 - v^2 / v_{max}^2\right)\gamma^2 - 1.$$

Ya que la potencia cuarta en γ se cancela en la última relación, llegamos al:

Factor de Lorentz

$$\boxed{\gamma(\vec{v}) \equiv \frac{1}{\sqrt{1 - \vec{v}^2 / v_{max}^2}}}$$

y además $a = \pm\gamma = -b$. (El signo negativo corresponde a la inversión del tiempo T.)

A.6. Transformaciones de espacio-tiempo homogéneo e isotrópico:

De lo anterior llegamos a:

$$t' = \gamma\left(t - \frac{\vec{v} \cdot \vec{x}}{v_{max}^2}\right)$$

$$\vec{x}' = \vec{x} + \frac{\gamma - 1}{v^2}\left(\vec{v} \cdot \vec{x}\right)\vec{v} - \gamma\vec{v}t.$$

Véase también Rindler (1992) o Sexl y Urbantke (2001).

Casos especiales:

a) Transformaciones de Galilei especiales. Cuando $v_{max} \to \infty$ lo cual implica que $\gamma \to 1$, tenemos:

$$t' = t$$
$$\vec{x}' = \vec{x} - \vec{v}t$$

b) Transformaciones de Lorentz. Cuando $v_{max} = c$, la velocidad de la luz en el vacío.

Apéndice B

Unidades del Sistema Internacional

Tiempo [s]	El **segundo** es la duración de 9 192 631 770 periodos de la radiación correspondiente a la transición entre los dos niveles hiperfinos del estado fundamental del átomo de cesio 133.
Longitud [m]	El **metro** es la longitud de trayecto recorrido en el vacío por la luz durante un tiempo de $1/299\,792\,458$ de segundo, es decir $1\text{m} = (c/299\,792\,458)$s
Masa [kg]	El **kilogramo** es igual a la masa del prototipo internacional del kilogramo.
Corriente eléctrica [A]	El **ampere** es la intensidad de una corriente constante que manteniéndose en dos conductores paralelos, rectilíneos, de longitud infinita, de sección circular despreciable y situados a una distancia de un metro uno de otro en el vacío, produciría una fuerza igual a 2.0×10^{-7} Newton por metro de longitud.

Temperatura **[K]**	El **kelvin**, unidad de temperatura termodinámica, es la fracción $1/273.16$ de la temperatura absoluta del punto triple del agua.
Intensidad lu-minosa **[cd]**	La **candela** es la unidad luminosa, en una dirección dada, de una fuente que emite una radiación monocromática de frecuencia 540×10^{12} Hertz y cuya intensidad energética en dicha dirección es $1/683$ W por estereorradián.
Cantidad de sustancia **[mol]**	El **mol** es la cantidad de sustancia de un sistema que contiene tantas entidades elementales como átomos hay en 0.012 kilogramos del isótopo C^{12} de carbono. Cuando se emplee el mol, deben especificarse las unidades elementales, que pueden ser átomos, moléculas, iones, electrones u otras partículas o grupos precisos de tales partículas

Magnitud	Nombre	Símbolo	Expresión en unidades básicas	Relación a otras unidades
Ángulo plano	radián	rad	m/m	
Frecuencia	hertz	Hz	s^{-1}	
Fuerza	newton	N	$kg{\cdot}m/s^2$	J/m
Presión	pascal	Pa	$kg/m{\cdot}s^2$	N/m^2
Energía; trabajo	joule	J	$kg{\cdot}m^2/s^2$	$N{\cdot}m$
Potencia	watt	W	$kg{\cdot}m^2/s^3$	J/s
Carga eléctrica	coulomb	C	$A{\cdot}s$	
Potencial eléctrico	volt	V	$kg{\cdot}m^2/A{\cdot}s^3$	W/A
Capacitancia	farad	F	$A^2{\cdot}s^4/kg{\cdot}m^2$	C/V
Resistencia eléctrica	ohm	Ω	$kg{\cdot}m^2/A^2{\cdot}s^3$	V/A
Flujo magnético	weber	Wb	$kg{\cdot}m^2/A{\cdot}s^2$	$V{\cdot}s$
Campo magnético	tesla	T	$kg/A{\cdot}s^2$	
Inductancia	henry	H	$kg{\cdot}m^2/A^2{\cdot}s^2$	$T{\cdot}m^2/A$

Unidades derivadas del SI

Prefijos utilizados en el SI			
Prefijo	**Símbolo**	**Potencia**	**Número decimal**
Atto	a	10^{-18}	0.000000000000000001
Femto	f	10^{-15}	0.000000000000001
Pico	p	10^{-12}	0.000000000001
Nano	n	10^{-9}	0.000000001
Micro	μ	10^{-6}	0.000001
Mili	m	10^{-3}	0.001
Centi	c	10^{-2}	0.01
Deci	d	10^{-1}	0.1
Deca	da	10^{1}	10
Hecto	h	10^{2}	100
Kilo	k	10^{3}	1 000
Mega	M	10^{6}	1 000 000
Giga	G	10^{9}	1 000 000 000
Tera	T	10^{12}	1 000 000 000 000
Peta	P	10^{15}	1 000 000 000 000 000
Exa	E	10^{18}	1 000 000 000 000 000 000

Nota: Una masa de 1000 kg es conocida también como Tonelada (t).

Bibliografía

[1] Arnold, D. N. and J. Rogness (2008). *Möbius Transformations*[1] *Revealed.* Notices of the AMS **55** (10), 1226.

[2] Ashby, N. (2002). *Relativity and the Global Positioning System,* Physics Today **55** (May 2002), 41 – 51.

[3] Bailey, K. et al. (1977). *Measurements of Relativistic Time Dilation for Positive and Negative Muons in a Circular Orbit.* Nature **268**, 301-305 .

[4] Barnett, S. M. (2010). *Resolution of the Abraham-Minkowski Dilemma.* Phys. Rev. Lett. **104**, 070401.

[5] Batelaan, H. and A. Tonomura (2009). *The Aharonov-Bohm Effects: Variations on a Subtle Theme.* Phys. Today **62** (9), 38.

[6] Bender, P.L. et al. (1973). *The Lunar Laser Ranging Experiment.* Science **182**, 229 – 238.

[7] Bleyer, U. et al. (1979). *Zur Geschichte der Lichtausbreitung.* Die Sterne **55**, 24 – 40.

[8] Bell, J. S. and D. Weaire (1992). *George Francis FitzGerald.* Physics World (September 1992), 31 –35.

[9] Bobis, L. and J. Lequeux (2008). *Cassini, Rømer and the Velocity of Light.* J. Astron. History and Heritage **11** (2), 97 – 105.

[10] Bocquet, J. -P. et al. (2010). *Limits on Light-speed Anisotropies from Compton Scattering of High-energy Electrons.* Phys. Rev. Lett. **104**, 241601.

---

[1]La bibliografía incluye sugerencias de consultas más avanzadas.

[11] Casado de Lucas, D. (2008). *Pequeña Biografía de Albert Einstein.*

[12] Cercignani, C and G.M. Kremer (2002). *The Relativistic Boltzmann Equation: Theory and Application* (Birkhäuser Verlag, Basel).

[13] Chou, C.W. et al. (2010). *Optical Clocks and Relativity.* Science, **329**, 1630 - 1633.

[14] Deryabin, M.V. and Pustylnikov, L.D. (2003). *Generalized Relativistic Billiards.* Regular and Chaotic Dynamics **8** No 3.

[15] D'Inverno, R. (1995). *Introducing Einstein's Relativity,* (Claredon Press, Oxford).

[16] Dunkel, J. et al. (2009). *Nonlocal Observables and Lightcone-averaging in Relativistic Thermodynamics* Nature Physics **5**, 741 – 747.

[17] Einstein, A. (1905a). *Über einen die Erzeugung und Verwandlung des Lichtes betreffenden heuristischen Gesichtspunkt [Modelo heurístico de la creación y transformación de la luz].* Annalen der Physik **17** 132 -148.

[18] Einstein, A. (1905b). *Zur Elektrodynamik bewegter Körper [On the Electrodynamics of Moving Bodies].* Annalen der Physik **17**, (10) 891 – 921.

[19] Einstein, A. (1916). *Sobre la Teoría de la Relatividad Especial y General* (Ediciones Altaya, S.A., Madrid 1998).

[20] Essén, H. (2002). *Note on the Relativistic Elastic Head-on Collision.* Eur. J. Phys. **23** 565 – 568.

[21] Fearn, H. (2007). *Can Light Signals travel Faster than c in Nontrivial Vacua in flat Space-time? Relativistic Causality. II..* Laser Phys. **17**, 695.

[22] Franz, W. (1939). *Elektroneninterferenzen im Magnetfeld.* Verhandlungen der Deutchen Physikalischen Gesellschaft **65**; *Über*

zwei unorthodoxe Interferenzversuche. Zeitschrift für Physik **184**, 85 – 91 (1965).

[23] Freund, F. (2008). *Special Relativity for Beginners: A Textbook for Undergraduates* (World Scientific, Singapore).

[24] Frisch, D. H. and J. H. Smith (1963). *Measurement of the Relativistic Time Dilation Using µ–Mesons*. American Journal of Physics **31** (5), 342 - 355.

[25] Giulini, D. (2001). *Uniqueness of Simultaneity*. British Journal for the Philosophy of Science **52**, 651 – 670.

[26] Goldhaber, A. S. and M. M. Nieto (2010). *Photon and Graviton Mass Limits*. Rev. Mod. Phys. **82** , 939–979.

[27] Gourgoulhon, E. (2013). *Special Relativity in General Frames*. Graduate texts in physics (Springer, Berlin).

[28] Hafele, J. C. and R. E. Keating (1972). *Around-the-World Atomic Clocks: Predicted Relativistic Time Gains; Observed Relativistic Time Gains*. Science **177** (4044) 166 - 168; 168 - 170.

[29] Hartnett, J. G. and A. Luiten (2011). *Colloquium: Comparison of Astrophysical and Terrestrial Frequency Standards*. Rev. Mod. Phys. **83**, 1– 8.

[30] Hermann, A. (1997). *Einstein. En privado* (Ediciones Temas de Hoy, Madrid) 583 pp.

[31] Herrmann, S. et al. (2009). *Rotating Optical Cavity Experiment testing Lorentz Invariance at the 10^{-17} Level*. Phys. Rev. D **80**, 105011.

[32] Itzkinson, C. and J.-B. Zuber (1980) *Quantum Field Theory* (MacGraw – Hill, Singapore).

[33] Ives, H.E. and Stilwell, G.R. (1938). *An Experimental Study of the Rate of a Moving Clock*, J. Opt. Soc. Am. **28**, 215226; *II*, J. Opt. Soc. Am. **31**, 369374.

[34] Jester, S. (2008). *Retardation, Magnification and the Appearance of Relativistic Jets*, Month. Not. Royal Astron. Soc. **389**, 1507.

[35] Kibble, T. W. B. (1960). *Kinematics of General Scattering Processes and the Mandelstam Representation.* Phys. Rev. **117**, 1159.

[36] Kittel, C. (1974). *Larmor and the Prehistory of the Lorentz Transformations.* Am. J. Phys. **42**, 726– 729.

[37] Kraus, U. (2000). *Brightness and Color of Rapidly Moving Objects: The visual Appearance of large Sphere revisited.* Am. J. Phys. **68**, 56 – 60; *First-person Visualizations of the Special and General Theory of Relativity.* Eur. J. Phys. **29** (2008) 1 - 13.

[38] Lampa, A. (1924). *Wie erscheint nach der Relativitätstheorie ein bewegter Stab einem ruhenden Beobachter?,* Z. Physik **27**, 138-148.

[39] Larmor, J. (1897). *On a Dynamical Theory of the Electric and Luminiferous Medium, III.* Phil. Trans. Roy. Soc. **190**, 205 - 300.

[40] Laue, von M. (1913). *Das Relativitätsprinzip,* 2nd ed. (Friedr. Vieweg & Sohn, Braunschweig).

[41] Lemke, J, E.W. Mielke, und F.W. Hehl (1994). *Äquivalenzprinzip für Materiewellen? — Experimente mit Neutronen, Atomen, Neutrinos ....* Physik in unserer Zeit **25**, 36 – 43.

[42] Liebscher, D.E. (1977). *Relativitätstheorie mit Zirkel und Lineal* (Friedr. Vieweg & Sohn, Braunschweig).

[43] Lombardi, M.A. et al. (2007). *NIST Primary Frequency Standards and the Realization of the SI Second.* The Journal of Measurement Science **2**, No. 4 (December, 2007).

[44] Lewis, G. N. and R. C. Tolman (1909). *The Principle of Relativity, and Non-Newtonian Mechanics.* In: Proceedings of the American Academy of Arts and Sciences. **44**, 709 - 726.

[45] Lyons, L. (2012). *Discovery or Fluke: Statistics in Particle Physics.* Physics Today (July 2012), 45 – 51.

[46] Mac Cullagh, J. (1846). *An Essay towards a Dynamical Theory of Cristaline Reflexion and Refraction*, (read December 9th, 1839) Dublin Transaction of the Royal Irish Academy (Dublin) **21**, 17-50.

[47] Martinez, A. (2005). *Handling Evidence in History: The Case of Einstein's Wife*. School Science Review **86**, No. 316 (March 2005), pp. 49 - 56.

[48] Matt Leone, R. (2002). *Billiards in Space: The Study of Classical Relativistic Collisions*, PHY600 Special Relativity Theory (University of Arizona, Flaggstaff).

[49] Mayos, G. et al. (2008) *D'Alembert. Vida, Obra y Pensamiento* (Planeta DeAgostini, Barcelona).

[50] Mielke, E.W. (1997). *Sonne, Mond und ... Schwarze Löcher* (Friedr. Vieweg & Sohn, Braunschweig/Wiesbaden [Springer Book Archives]), 282 pages and 12 color plates. (El Sol, la Luna y ... Agujeros Negros [en Aleman]).

[51] Mielke, E.W., and F.W. Hehl (1988). *Die Entwicklung der Eichtheorien: Marginalien zu deren Wissenchaftsgeschichte*. In: *Exakte Wissenschaften und ihre philosophische Grundlegung — Vorträge des Internationalen Hermann-Weyl-Kongresses*, Kiel 1985, W. Deppert, K. Hübner, A. Oberschelp und V. Weidemann (Hrsg.), (Verlag Peter Lang, Frankfurt a. M.), pp. 191 - 231.

[52] Mielke, E. W., and Miguel A. Marquina Carmona (2013). *Relativity and the tunneling problem in a "reduced" waveguide*, International J. Optics, Vol. 2013, Article ID 947068 [Hindawi], 10 pages.

[53] Minkowski, H. (1908). *Raum und Zeit* (Space and Time, Address delivered at the 80th Assembly of German Natural Scientists and Physicians, Cologne, 21 September 1908). Physikalische Zeitschrift **9**, 104 - 111 (November 1908).

[54] Mirabel, I. F. and L. F. Rodríguez (1998). *Microquasars in our Galaxy*. Nature **392**, 673.

[55] Misner, C.W., K.S. Thorne and W.H. Zurek (2009). *John Wheeler, Relativity, and Quantum Information*, Physics Today (April 2009), 40 –46.

[56] Müller, T. and D. Weiskopf (2011). *Special-Relativistic Visualization*. Computing in Science & Engineering July/August, 85 – 93.

[57] Naumann, R. and H. Stroke (1996). *Einstein and the atomic clock*. Physics World (April 1996), 76.

[58] Nimtz, G. (2011). *Tunneling Confronts Special Relativity*. Foundations of Physics **41**, 1193-1199.

[59] Okun, L.B. (1989). *The Concept of Mass*. Physics Today, **31** (June 1989) 31 – 36.

[60] Pais, A. (1984). *'El Señor es sutil... ' La ciencia y la vida de Albert Einstein*. (Ariel, Barcelona).

[61] Parsons, P. (2011). *Einstein: Su vida, sus teorías y su influencia*. (Art Blume, Barcelona).

[62] Patt, H.J. and Nemec, P. *Relativity for Windows*. (Springer-Verlag, Berlin-Heidelberg 2000).

[63] Penrose, R. (1959). *The Apparent Shape of a Relativistically Moving Sphere*. Proc. Cambridge Phil. Soc. **55**, 137.

[64] Poincaré, H. (1904), *The Principles of Mathematical Physics*. The Foundations of Science (Science Press, New York 1906) pp. 297 - 320.

[65] Pospelov, M. and M. Romalis (2004). *Lorentz Invariance on Trial*. Physics Today (July 2004), 40 – 46.

[66] Pound, R.V. and G.A. Rebka (1960). *Apparent Weight of Photons*. Phys. Rev. Lett. **4**, 337 – 341.

[67] Pound, R.V. and J.L. Snider (1965). *Effect of Gravity on Gamma Radiation*, Phys. Rev. **140**, B788 – B803.

[68] Resnick, R. (1999). *Introducción a la Teoría Especial de la Relatividad* (Editorial Limusa, Grupo Noriega, México).

[69] Riemann, B. (1867). *Ein Beitrag zur Elektrodynamik*, Annalen der Physik und Chemie **131**, 237 – 243.

[70] Rindler, W. (1961). *Length Contraction Paradoxes*, Amer. J. Phys. **29**, 365.

[71] Rindler, W. (1991). *Introduction to Special Relativity*, 2nd edition (Clarendon Press, Oxford.)

[72] Rossi, B. and D. B. Hall (1941). *Variation of the Rate of Decay of Mesotrons with Momentum.* Physical Review **59** (3), 223 - 228.

[73] Rothman, T. (2006). *Lost in Einstein's Shadow.* American Scientist **94** (March-April), 112 - 113.

[74] Ruder, H. and M. (1993). *Die Spezielle Relativitätstheorie.* (Friedr. Vieweg & Sohn, Braunschweig/Wiesbaden).

[75] Schwartz, H. M. (1970). *Generalization of an Elementary Formula in Relativistic Kinematics due to Pauli.* Am. J. Phys. **38**, 927 – 929.

[76] Serway, R.A. y J.W. Jewett, Jr. (2005). *Física*, Vol. II, 6a edición, Parte 3: Física moderna (Thomson, México, D.F.).

[77] Sexl, R. und H.K. Schmidt (1979). *Raum-Zeit-Relativität* (Friedr. Vieweg & Sohn, Braunschweig).

[78] Sexl, R. and H. Urbandtke (2001). *Relativity, Groups, Particles*, 4th edition (Springer Wien, New York).

[79] Sfarti, A. (2010). *Improved Tests of Special Relativity via light speed anisotropy Measurement.* Mod. Phys. Lett. A **25**, 125.

[80] Shankland, R.S. (1974). *Michelson and his Interferometer.* Physics Today, April 1974, 37 – 43.

[81] Silberstein, L. (1912). *Quaternionic Form of Relativity.* Phil. Mag. **23**, 790 – 809.

[82] Smith, G. S. (2011). *Visualizing Special Relativity: The Field of an Electric Dipole moving at Relativistic Speed.* Eur. J. Phys. **32**, 695 - 710.

[83] STAR Collaboration (2011). *Observation of the Antimatter Helium-4 Nucleus.* Nature **473**, 353 - 356.

[84] Stachel, J. (1996). *Albert Einstein and Mileva Maric: A Collaboration that Failed to Develop.* In H. M. Pycior, N. G. Slack, and P. G. Abir-Am (eds.) (1996), Creative Couples in the Sciences (Rutgers University Press).

[85] Stewart, A.B. (1964) *The Discovery of Stellar Aberration.* Scientific American **210**, 100 - 108.

[86] Strain. R. M. (2010). *Asymptotic Stability of the Relativistic Boltzmann Equation for the Soft Potentials.* Commun. Math. Phys. **300**, 529 - 597.

[87] Straumann. N. (1990). *Spezielle Relativitätstheorie.* (Skriptum, Universidad de Zurich).

[88] Taylor, E.F. and J.A. Wheeler (1992). *Spacetime Physics: Introduction to Special Relativity,* 2nd Ed. (W. H. Freeman and Company, New York).

[89] Terrell, J. (1959). *Invisibility of the Lorentz Contraction.* Phys. Rev. **116**, 1041; *The Terrell Effect.* Am. J. Phys. **57** (1) (January 1989), 9.

[90] Tixaire, A.G. (2006). *Relatividad, Tiempo y Asuntos de Gravidad.* Rev. R. Acad. Cienc. Exact. Fís. Nat. (Esp.) **100**, No. 1, pp. 141-155.

[91] Tonomura, A. (2005). *Direct Observation of thitherto unobservable Quantum Phenomena by using Electrons.* PNAS (October 18, 2005) **102**, No. 42, 14952 - 14959.

[92] Van Baak, T. (2007). *An Adventure in Relative Time-keeping.* Physics Today Lett. **60**, 16.

[93] Van Oss, Rosine G. (1983). *D'Alembert and the fourth dimension.* Historia Mathematica **10**, November 1983, 455 – 457.

[94] Vessot, R.F.C. et al. (1980). *Test of Relativistic Gravitation with a Space-Borne Hydrogen Maser.* Phys. Rev. Lett. **45**, 2081.

[95] Vincent, F. H. et al. (2011). *GYOTO: A new General Relativistic Ray-tracing Code.* Class. Quantum Grav. **28**, 225011 (18pp).

[96] Vollmer, M. (2004). *Physics of the microwave oven.* Physics Education **39**, 74 - 81.

[97] Voigt, W. (1887). *Theorie des Lichtes für bewegte Medien.* Nachrichten von der Königl. Gesellschaft der Wissenschaften und der Georg-August-Universität zu Göttingen, No. 8, 177 - 238.

[98] Weisskopf, V. (1960). *The Visual Appearance of Rapidly Moving Objects.* Physics Today **13**, 24 (September 1960).

[99] Weiskopf, D. (2010). *A Survey of Visualization Methods for Special Relativity.* In: Scientific Visualization: Advanced Concepts, Hans Hagen, ed. (Dagstuhl Publishing, Schloss Dagstuhl - Leibniz Center for Informatics, Germany), pp. 289 - 302.

[100] Wehrle, A.E. et al. (2009). *What is the Structure of Relativistic Jets in AGN on Scales of Light Days?.* Whitepaper.

[101] Wheeler, J.A. (1968). *Einsteins Vision* (Springer, Berlin).

[102] Will, C. M. (2006). *Special Relativity: A Centenary Perspective*, Proceedings: Einstein, 1905-2005: Poincaré Seminar 2005. Edited by T. Damour, O. Darrigol, B. Duplantier and V. Rivasseau. (Birkhäuser, Basel), pp. 33-58.

[103] Williams, J. G. et al. (2012). *Lunar Laser Ranging Tests of the Equivalence Principle.* Class. Quant. Grav. **29**, 184004.

[104] Wipf, A. (2007). *Elektrodynamik.* (Skriptum, Universidad de Jena).

www.ingramcontent.com/pod-product-compliance
Lightning Source LLC
Chambersburg PA
CBHW070856180526
45168CB00005B/1840